心理励志文丛 | 为心「疗伤」

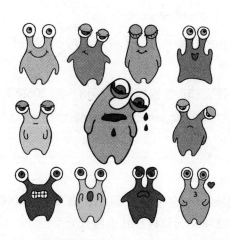

心理学与
做事技巧

杨玉琴 / 主编

团结出版社

图书在版编目（CIP）数据

心理学与做事技巧／杨玉琴主编. —北京：团结
出版社，2019.1
　　ISBN 978-7-5126-6599-6

　　Ⅰ. ①心… Ⅱ. ①杨… Ⅲ. ①成功心理-通俗读物
Ⅳ. ①B848. 4-49

　　中国版本图书馆 CIP 数据核字（2018）第 206832 号

出版：团结出版社
　　　（北京市东城区东皇根南街 84 号　邮编：100006）
电话：（010）65228880　65244790（出版社）
　　　（010）65238766　65113874　65133603（发行部）
　　　（010）65133603（邮购）
网址：http：//www. tjpress. com
E-mall：65244790@163. com（出版社）
　　　　fx65133603@163. com（发行部邮购）
经销：全国新华书店
印刷：三河市金轩印务有限公司

开本：640 毫米×920 毫米　16 开
印张：15
印数：5000 册
字数：200 千字
版次：2019 年 1 月第 1 版
印次：2019 年 1 月第 1 次印刷

书号：978-7-5126-6599-6
定价：39. 80 元

前　言

　　在生活中，我们常常因为一句无心的话，让我们身边的人伤心难过；工作中，常常因为一个小小的举动让我们丢了一笔大单。我们努力去维系自己的亲情，尽管分身乏术，但结果还是貌合神离；我们努力去经营自己的工作，尽管精疲力尽，但结果还是不尽人意。我们迷茫，我们真切地感受到环境给我们施加的人情压力，我们艰难地做着每一件事情，在成功的路上踽踽独行，困难重重。

　　然而，社会在飞速发展，人们的关系结构日趋复杂，成功的道路充满荆棘，险象环生，一不留神就会被困难击倒。若想要在社会大环境之下立于不败之地，就需要结交很多很多的朋友，建立自己牢固的关系群，开阔自己的眼界，改变自己一成不变的做事方式，加强自己的做事技巧，懂点做事的心理学。

　　一个人做事的方式体现着这个人的心理，而做事如果全凭个人一时好恶，不讲究一点做事的技巧，是难以收到期待的效果的。最终会陷入自己给自己画的怪圈，难以自拔。

　　中国社会是一个讲人情的社会，人情则需要以关系为其前提，关系则建立在做事技巧之上，懂得做事技巧会让我们做事变得事半功倍。

由此可知做事技巧的重要性。介于此，阅读本书，也许可以帮助读者朋友解决这些繁难。本书中列举了大量的案例，从实际生活出发，结合心理学，多角度展现生活中的做事技巧，帮助读者朋友走出人际关系的困境，稳固并扩散自己的人际关系网，掌握做事的要义和方法，用心享受自己的生活。

目 录

Contents

第一章　认知心理学

第二章　人格心理学

第三章　人际关系心理学

第四章　说话心理学

第五章　交友心理学

第六章　职场心理学

第七章　社会心理学

第八章　做事心理学

第一章

认知心理学

缺陷也是一种另类的美

在现实生活中，有些人时刻盯着自己身上的缺陷不放，认为自己不够完美，因此产生自卑心理。这类人总是感觉自己的生活不美满，总是看着这也不顺心，那也不如意，所以，自己也会变得非常烦闷，感觉生活乏味无趣。

其实，缺陷也是一种美。一般而言，缺陷往往会给人们带来一种契机，这种契机可能会让人们看到另一种美。缺陷仅仅是生活的一个组成部分，从另外一种意义上来说，人生正是因为有了缺陷，才会变得更加丰富与充实。

农夫家中有两个水桶，其中一个水桶上面有一条裂缝，而另外一个水桶则完好无损。农夫经常会将这两个水桶分别挂在扁担的两头去挑水。每当农夫将水挑到自己家中的时候，完好无损的水桶中的水总是满的，而有裂缝的那个水桶中总是所剩不多。

多年过去了，农夫依然这样每天挑两桶水，最后不出所料，只能得到一桶半的水。完好无损的那个水桶为自己可以送一整桶水而感到非常骄傲，而带有裂缝的那个水桶则总是由于自己的缺陷导致农夫只能得到半桶水而感到自卑和难过。

带有裂缝的水桶终于忍不住了。当农夫又一次去挑水时，它在小溪边对农夫说道："我感到非常惭愧，请接收我真诚地道歉。"

"这是为何呢？"农夫不解地问道，"你为什么会感到惭愧？"

带有裂缝的水桶回答："这么多年来，由于我身上有一条裂缝，每次你挑一桶水，最后只能得到半桶水。正是因为我的缺陷，才让你的工作事倍功半。"

农夫听完后，和蔼地说道："在我们这次回家的路上，请你注意一下道路旁边的情况。"

在回家的路上，有裂缝的水桶感觉眼前一亮。原来，它看到在道路旁有很多绚烂缤纷的花朵，在温暖的阳光的照耀下，非常美丽。它的心情也变得愉悦。但回到家后，有缺陷的水桶又开始难过了，因为这一次它不出意外地又将一半的水漏在了路上！它再次诚恳地向农夫道歉。

农夫微笑道："难道你没有发现，在小路的两旁，只是你的那一侧有很多漂亮的花朵，而另一侧却没有花朵吗？一直以来，我都知道你是有缺陷的，但对此，我妥善加以利用，在你的一侧的路边，我撒了各种各样的花种。每次我挑水回来的途中，你都会替我给路旁的花儿浇水。多年来，美丽的花朵把我的餐桌装饰得十分美丽，我很开心看到这些可爱的花儿。这些都归功于你啊！"

通过这则寓言故事，我们可以明白：人生并不需要完美。生命当中出现了一个小小的缺口，也是一件非常美的事情，它能够给我们追求幸福的动力。所以，正视自己的缺陷，我们可能会看到另一片美丽的风景。因此，当我们的生活出现瑕疵的时候，不要只知道哀叹，我们完全可以选择从那种不完美的心境中走出来，然后轻轻松松地面对生活。

生命中的缺陷，就像维纳斯雕像，正是由于有了断臂的缺陷，才变得更加独特典雅，美丽动人，令人陶醉。

美并不意味着完好无缺，没有一点不足；美在缺陷中得到了升华。

时刻要求自己要做到完美，是一种非常残酷的自我主义。人生当中并没有真正的完美，只有在理想中才有。如果刻意去追求完美，只会让人失望。而正是由于有了残缺，人生才拥有了希望与梦想。当你努力地追求希望与梦想的时候，你就会发现，原来缺陷也是一种另类的美。

别再给自己的人生设限

人生没有限制，请不要轻易地给自己设限。很多时候，我们都是被自己打败的。有些人之所以成功，是因为他们认为自己能做到。所以，要想让自己的每一天充满希望，就要将这种心理"高度"打破，立即停止自我设限。

几年前，刘磊来到北京，期待在北京实现自己，以他的工作经验和能力，做一个公司的管理层完全没有问题。

他的一个朋友帮他申请了某通讯公司的主管职位，该公司的人事部不久便通知他去面试。但是，刘磊认为自己没有在大公司做主管的经验，面试的时候肯定过不了，就算面试过了也不知道能不能把工作做好，所以，最后他回绝了朋友的好意，开始自己找工作。

刘磊试着给几家用人单位发了简历，但是结果往往是"高不成，低不就"。

就这样，一个月的时间过去了，刘磊急了，他的那位朋友也为他着急。此时，朋友就将刘磊约到家中，认真地为他分析了原因，并且鼓励他去之前给他介绍的那家电信公司面试。刘磊痛定思痛，觉得朋友说得有道理，便鼓足勇气去面试，结果刘磊顺利通过，并且之后在工作中的表现很不错。

两年后，因为刘磊的成绩卓越，董事长将他从部门主管提升为部门经理……

刘磊的例子告诉我们：一个人无法品尝胜利的果实，很可能不是因为能力不足，而是因为自己在心理上给自己设定了一个不恰当的"高度"。由此可见，"自我设限"是走向成功的一个重大障碍。

在现实生活中，也有很多人不知不觉为自己设定了界限。这些人在最初凌云壮志，可一旦遇到困难挫折，他们便开始对自己的能力产生怀疑，抱怨老天的不公。慢慢地，他们不再想办法去战胜困难，而是一味地降低成功的标准，他们害怕困难与挫折，逐渐习惯了屈服。在不知不觉中，他们的心里面已经默认了一个"高度"，这个"高度"经常暗示他们：这是不可能做到的，成功是无望的。

痛苦还可以转化为动力

在现实生活中，每个人都会遇到一些令人痛苦的事情。有些人在面对痛苦的时候，会变得垂头丧气，消极低沉；而有些人在面对痛苦的时候，则会乐观积极，会努力地将痛苦转化为一种动力。很显然，后者的选择是非常明智的，因此他们终将走向成功的彼岸。

25年前，孙明只不过是一个刚刚破产的电动机厂的总经理。当他收到法院的通知，让他去法院听候破产判决的那一天，他崩溃极了，他的妻子和他离了婚，并且还带走了孩子。

破产之后，孙明不仅失去了房子与汽车，还失去了心爱的妻子与孩子，失去了能够维持他正常生活的所有条件。那时，他感到非常痛苦。昨天还在向他微笑的银行工作人员，今天就无情地将他的房子拿走了；昨天还冲着他微笑的员工，今天就在拿到了破产保证金之后都走了；昨天还属于他的汽车，今天就被放到了拍卖会进行拍卖；昨天还有一个幸福美满的家庭，今天妻子与他离婚，带着孩子离他而去……

然而，孙明并没有被这些令人痛不欲生的打击打败，他重新开始寻找能够让他睡觉的地方。刚开始的时候，他也不愿意低头，不过最后还是选择在地铁入口处睡觉。从此，在城市的地铁入口处，又多了一个只能坐着"睡觉"的男人。

在这些现实的面前，孙明经过非常慎重的思考最终选择了一条以捡破烂为生的路。每天，孙明都会背着一大袋空的可乐瓶子去废品回收站卖掉，并且每天都要对这一天成功的地方进行总结，对这一天失败的地方进行分析。时间长了，他形成了一个非常好的工作模式，并且直到今天也没有改变，仍然在坚持着。

现在，孙明早已经成了一家规模庞大的集团的董事长。令人感到相当震惊的是，他起步所使用的全部资金，都是他捡破烂换回来的。如今，他已经成为一个拥有5亿资产的大富翁了。

经过痛苦的洗礼之后，孙明在总结成功的经验时，非常有感触地说了这样一句话："痛苦和失败对我来说，都是非常重要的财富，虽然我不愿意常常拥有这样的财富，但是我会永远充分地利用这笔曾经属于我的财富，去创造更多的经济价值，去创造更美好的明天！"

孙明就是这样一个非常聪明的人，将自己所遇到的痛苦全部转化成前进的动力，将自己的不幸遭遇牢牢地记在心里，时刻提醒自己要好好生活，努力工作，最后终于战胜了痛苦，一步步实现了自己的梦想。

应该如何正确地面对打击与痛苦；应该如何利用失败与痛苦对自己进行激励，以便更加明确自己的奋斗目标；应该如何看待自己手中的每一分钱；应该如何更好、更有效地对每一分钱进行利用……

实际上这是决定每个人能否拥抱成功的因素。所以，不要畏惧痛苦，痛苦是通向成功的基石，你应该勇敢地面对它，然后正确地对待它，最后成功地战胜它。唯有如此，才有可能找到开启成功大门的金钥匙！

得与失是相互依存的

头顶的松树之荫，山边的潺潺清泉以及脚下的千年磐石，哪些因为宠辱得失而将自己逍遥自在的生活抛弃了？它们十分踏实，从不曾改变自己的心性，这才有了千年的阅历与经验；万年的长久，才造就了它们诗人般的神韵以及学者般的品性。

黄帝陵下面的汉武帝手植柏，终南山翠华池旁边的苍劲松树，皆为是树木之祖。它们的骨干曾被旱天雷摧折过，它们的树皮曾被三九冰冻裂过，甚至它们的身躯还遭受过樵夫顽童的斧斩以及鸟雀毛虫的啃啄。但是，它们没有抱怨，没有颓废，而是默默地忍受着所有不幸的遭遇，它们悄悄地进行着自我修复，努力地使自己变得更加完善。到最后，这暴虐的风霜雨雪与这无情的刀斧虫雀，全部都化作了树根下面为自己提供营养的泥土与陶冶情操的"胎盘"。这是怎样的一种气度与胸襟！

与之相比，在人类世界中，有些人宁愿用自己的尊严与人格作为代价，来换取金钱与渴望已久的功名利禄，最后变成了飞黄腾达的"大人物"。但这些蝇营狗苟的小人都算得了什么呢？暂且让这些小人得意忘形又如何？

在漫漫人生旅途上，我们每个人都会面临各种各样的选择，这些选择极有可能导致我们的生活变得无比烦恼，并且到处充满难题，进而促使我们不想失去的人和物都纷纷离我们远去。

然而，这些选择又让我们不断地得到一些新的东西。虽然它给我们带来的损失可能永远没有办法补偿，但是它让我们得到的，也是其他任何一个人都没有办法体会到的。所以，面对得与失的时候，我们应坦然处之。不管什么事情，重要的在于过程，至于最终的结

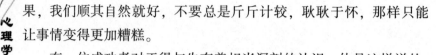

果，我们顺其自然就好，不要总是斤斤计较，耿耿于怀，那样只能让事情变得更加糟糕。

有一位成功者对于得与失有着相当深刻的认识，他是这样说的："得与失是相互依存的，不管什么事情都存在着正与反两个方面。换言之，任何事情都同时存在于得与失之间，在你觉得得到了某些东西的同时，实际上在另一方面你可能也失去了一些东西；而你在失去某些东西的同时，实际上在另一方面你可能也会取得一些出乎你意料之外的收获。"

人的一生，无论是得到，还是失去，最重要的是你心中那一泓清潭不能失了光辉。

其实，为人处世也是一样的道理——得到与失去，切莫太在意。大家付诸真诚，成为朋友，这原本就是一种非常难得的缘分，只要大家性格相合，在一起相处得愉快，那么又何必过于在意自己是否付出了太多而得到太少呢？

聪明的人都愿意让别人"欠"自己的，而绝对不愿意自己对别人有所亏欠，即便他们真的付出了非常多而得到的却十分少，但是，他们的心中仍相当坦然，能够淡然地处理那些在别人眼中的"吃亏"事件。其实，有很多东西从表面上看是得到了，但是，可能你从另外一个方面却失去了一些更加重要的东西。聪明人正是因为明白这个道理，才会无怨无悔地做个"傻子"。

在人生的漫长道路中，得与失，往往发生在一念之间。究竟要得到些什么？究竟会失去些什么？不同的人有不同的看法。毫无疑问的是，人应当随时对自己的生命点进行调整，该得到的东西，不要轻易错过；该失去的东西，就潇洒地放弃。总而言之，得失之间是相互依存的，我们应该坦然视之，淡然处之。

偶尔糊涂也是一种智慧

私心太重的人，往往头脑一热，就只看到眼前的那点儿利益了。《列子》中讲述了一个关于"齐人攫金"的故事：

春秋战国时期，当时的齐国有一个非常想得到金子的人，一天清早，穿戴好衣帽，来到集市上，径直走到卖金子处，抓了金子就走。巡官抓住了他，问他道："市场上有如此多的人，你为何还敢抢金子呢？"齐人非常坦率地答道："我拿金子的时候，没有看到人，只看到了金子。"

由此我们可以看出，人性当中真的存在着这种弱点——人只要迷恋上了私利，那么，此人的心中就没有其他的东西了，他就会变得唯利是图，就好像掉到了钱罐子里一样！因而就会变得斤斤计较。我们为何不学会做一个"糊涂"的人呢？

人生如同一个万花筒，人们在这变幻无常的世界中，需要运用足够的智慧来对利弊进行权衡，以防遇到什么不测。然而，有的时候，我们还不如"以静观动，守拙若愚"，与机巧相比，这种做事的艺术反而会更胜一筹。

清代著名文学家郑板桥，有一句四字箴言——"难得糊涂"。他对此也作了进一步阐述："聪明难，糊涂亦难，由聪明转入糊涂更难。放一着，退一步，当下心安，非图后来福报也。"

做人太过聪明了，无非就是想要占别人一点儿小便宜；而遇事故意装糊涂，只不过会吃一点儿小亏。但是，吃亏是福。如果你懂得适当地装装糊涂，吃点儿小亏，到最后，往往会得到意外的收获。

有的人总是想着占别人便宜，不愿意吃一点儿的亏，遇事就斤斤计较，到最后反而可能吃了大亏。

郑板桥曾经说过："试看世间会打算的，何曾打算得别人一点，真是算尽自家耳！"世界上最为可悲的人，常常自我感觉很好，这就是"贼是小人，智过君子"之人。这些人拥有君子的智力，但是却怀着小人的贼心，他们最大的敌人不是别人，而是他们自己。

郑板桥因为自己个性"落拓不羁"而闻名至今，但是他却有一颗非常善良的心。他曾经给自己的堂弟写了一封信，信中有这样一段话："愚兄平生谩骂无礼，然人有一才一技之长，一行一言为美，未尝不啧啧称道。囊中数千金，随手散尽，爱人故也。"

在为人处世的时候，郑板桥怀着一颗"仁者爱人"的心，遇事肯定不会与别人过于较真，因此，"难得糊涂"的确是郑板桥心胸宽广的真实写照。这与一般人思想中的那种没有一点儿原则的糊里糊涂是不一样的。

实际上，在我们在做事之时，聪明与糊涂是必须要学习的技巧与艺术，其本身并没有什么优劣的差别。只不过太过于聪明之人，如果能够学一点儿"糊涂学"的知识与技巧，那么对于其本身是有着非常大的好处的。这就如同古人所说的那样："心底无私天地宽。"当你的天地变宽阔之后，再遇到一些琐碎小事的时候，就不会过于认真，也就不会有什么苦恼了，所以也就更不会有什么怨恨。

聪明是上天赐予一个人的智慧，而偶尔的糊涂也是一种智慧的表现。如果一个人能够将这种智与愚集于一身，该聪明的时候聪明，该糊涂的时候糊涂，那么，他就会成为一位令人赞叹的智者。

总而言之，我们要学会适时糊涂，这是做事的智慧。

旅行能带给人快乐

很多人都喜欢旅行，因为旅行能带给人快乐，能将人们从过分沉重的工作压力所带来的烦恼中解放出去；能将人们遇到的大小烦恼排遣出去，最后成为一个自由自在的，在山水之间尽情玩耍的闲云野鹤。

小丽在北京的一家公司工作，因为身兼两职，所以下班回家之后还需要翻译文件，写策划方案。她平均每天要工作十四个小时，非常辛苦。

有一天，小丽忽然决定要去欧洲旅行。这主要是因为两方面的原因：第一，她实在忍受不了这样超负荷的工作压力；第二，为了实现少年时期环游世界的梦想。于是，她就抱着最坏的心情，向自己的领导请了三个月的长假。得到批准之后，她快速收拾好行囊，迈出了她的第一步。

她感觉自己在北京的生活实在太紧张了，当她刚刚到达欧洲的时候，一时之间还不知道怎么打发欧洲的闲散时光。她发现在欧洲人的生活总是透露着一种富裕后的从容不迫。在每天超负荷工作十四个小时之后，她从那些缓缓走过的欧洲人身上，发现了自己之前绷紧的神经。

当小丽走过街道边上的咖啡座时，温暖的阳光照在她身上，感觉暖烘烘的。她伸了个懒腰，坐了下来，仔细地打量着来来往往的行人，一动不动地坐了好几个小时，就这样非常悠闲地等待着日影西斜。

到了夜晚的时候，法国巴黎的香榭丽舍大街上，一片灯火辉煌的盛景。很多人穿梭其中，吃一个凉爽的冰激凌，喝一杯美味的鸡尾酒，听一首悠扬的小曲，完全不将天色已晚放在心上。

在旅行了一个月之后，小丽开始深刻地体会到欧洲人的生活情调是何等舒缓，在此过程中，她也将自己懒散的心情悄悄地留在了欧洲。

后来，随着旅行之地不断地增多，小丽的旅行经验也变得越来越丰富了，那些不同国家与民族的色彩也慢慢地散了，最后留给小丽的，只是一个性格活泼、胸襟开阔的世界面貌。每次旅行归来的时候，小丽都深感自己的心灵被洗涤得非常纯净。

由此可见，旅行是一个可以让你喘息与歇息的好办法，是一个人生命中非常重要的驿站。旅行是记忆的一种收藏，同时也是美的一种收藏。所以，当心中潜藏着的那份对生活与生命的苛求没有办法得到满足时，很多人就希望通过一段又一段的旅途，获得短暂的治疗与舒解。

旅行可以让你从纷繁复杂的人际关系中，从无比沉重的工作学习中，甚至是从最为亲近的家人朋友中解脱出来，给自己一个短暂休息的机会，让你喘一口气。

所以，当你在现实生活中遇到了一时之间没有办法解决的烦恼，感到十分郁闷的时候，不妨暂时从现有的困境中摆脱出来，出去转转。旅游是帮你排解烦恼与苦闷的好方法，在旅行的过程中，你会非常惊奇地发现，那些困扰了你很长时间的坏情绪突然消失了。

出去走走转转，至少帮助你将那些烦心的人与事全部抛在脑后，等你再回来的时候可以重新做一个快乐的人。

在旅途的过程中感悟人生，肆意地释放烦恼与郁闷，尽情地汲取旅行带给你的快乐，这才是真正的旅行。这种快乐并不是单纯的感官之乐，而是帮助你打动心灵，从心灵深处散发出来快乐。当你感到心情抑郁、满腹愁绪的时候，就出去旅游吧，它会让真正的快乐将你所有的烦恼都排遣掉！

值得注意的是，出去走走转转属于一种心灵上的出游，而不是借此逃避现实。只有弄清楚自己的目的，才不会出现不恰当的想象与期待。

伤痛与挫折只是一段小插曲

英国某保险公司曾经在一家拍卖市场竞拍下一艘船，这艘船原本属于荷兰的一家船舶公司，它从1894年开始下水，在浩瀚的大西洋上曾经遇到冰山138次，碰到暗礁116次，发生火灾13次，被风暴折断桅杆207次，但是却从未发生过一次沉船事件。

依据英国《泰晤士报》的报道，到1987年为止，这艘船已经接待了1200多万前来参观的游客，光是参观者的留言簿就超过了170本。

在成长过程中，我们同样不会一帆风顺，或多或少地都会遇到一些伤痛与挫折。伤痛与挫折原本就是人生中不可或缺的一部分，当你找到自己为什么会失败的答案时，就意味着你找到了奔向成功的转折点。因此，从某种程度上说，我们的成功往往是由伤痛与挫折决定的。

在人生的道路上，伤痛与挫折只是一段小插曲，是上天送给我们的一份珍贵礼物。上天之所以会送这份礼物给我们，就是为了让我们变得更加强大。

其实，伤痛与挫折都是人生道路上必不可少的经历。因为每遭遇一次挫折，我们对于生活的理解就会加深一层；每遭遇一次失误，我们对于人生的领悟就会增加一些；每遭遇一次磨难，我们对于成功内涵的认识，就会变得更加透彻。从这个意义上来说，如果你想要取得成功，拥抱幸福；想要过得快乐，生活得充实，就应该先真正地领悟伤痛、挫折的内涵。

在追求成功的道路上，肯定会遇到很多伤痛与挫折，如果你不将它们打败，那么它们就会将你打败。不管你是谁，在开启成功大门之前，必然会遭遇失败。每一位取得成功的人，其背后都有很多失败的故事。

科学家乔纳·沙克也是在实验了无数介质之后，才成功地将小儿麻痹症的疫苗培养出来；约翰·克里斯的第一本书出版之前，曾经写了500多本书，并且遇到了1000多次的退稿，然而，他没有因此放弃，在他的坚持下，他写的第565本书终于获得了认可，成功地蜕变成一位英国非常著名的多产作家。

当你遇到失败的时候，应该虚心地接受，然后努力找到失败的原因，这样一来，危机才有可能变成转机，你头上的乌云才会有散开的一天。实际上，失败可以算得上是一种非常特殊的教育，是一种极其珍贵的经验。如果你能够换一个角度去看它，那么你可能会收到意外的惊喜。

每个人的人生都不可能顺风顺水，都会遇到一些不如意的事情，但挫折与失败只不过是我们漫漫人生中的一个短暂过程。一个人只有承受住失败与挫折的考验，其未来才有可能变得灿烂辉煌。

不要被眼前的假象欺骗

同样的事情，在不同人的眼中，就有了不一样的是非曲直。因为每个人在看事情的时候，多少都会戴着有色眼镜，利用自己的经验、喜好或者标准来评判，其结果很可能就是，仅仅看到了表面的假象。

盲人与狗一同来到天堂的门口。此时，一位天使将他们拦了下来，并向他们说明，目前天堂仅剩下一个名额了，他们当中只能有一个能进。

盲人："我的狗不明白什么是天堂，什么是地狱，能否让我来决定到底谁进入天堂呢？"

天使："对不起，先生，每个灵魂都是平等的，你们必须进行一场比赛，然后才能决定到底由谁进入天堂。"

盲人："哦，那是什么样的比赛呢？"

天使："一个十分简单的比赛——赛跑，从这里开始跑向天堂的大门，谁先跑到目的地，谁就有资格进入天堂了。不过，你也不要担心，由于你现在已经死了，你现在是一个灵魂，而且灵魂的速度与各自的肉体是没有任何关系的，越是单纯善良的人，奔跑的速度就会越快。"

盲人想了会儿后，点头同意了。

天使让盲人与狗准备好了之后，就宣布比赛开始。起初，天使认为这个盲人肯定会为能进入天堂而非常拼命地向前跑。但没有想到的是，盲人一点儿也不着急，慢吞吞地向前走。更让天使感到惊讶的是，那条狗也没有向前奔跑，它正在配合着主人的步伐，在旁边慢慢地走着，一步也不愿意离开自己的主人。

这时，天使突然明白了：原来，这条导盲犬多年以来已经养成了一个习惯，永远跟在主人的身边，在主人的旁边保护着主人。可恶的盲人正是知道这点，才那么胸有成竹，不慌不忙的，只要他在天堂的大门前命令导盲犬停下，那么他就可以非常轻松地赢得这场比赛了。

天使看着导盲犬如此忠心，很替它难过。她大声地向那条狗喊道："你已经为你的主人奉献出了生命，如今，你的主人已经能够看见东西了，你不需要再为他领路了，赶紧跑进天堂吧！"

然而，不管是盲人还是导盲犬，都好像没有听到天使的喊话一样，依旧慢慢地向前走，就仿佛在大街上散步一样。

果然，到了距离终点还有几步远的时候，盲人发出了一声指令，导盲犬非常听话地坐了下来。天使用非常鄙夷的眼神看着盲人。

这时候，盲人微笑着对天使说道："我终于将我心爱的导盲犬送到了天堂，我最为担心的就是它根本就不想进入天堂，而只想跟着我……可以用比赛的方法决定这一切真的非常好，只要我再命令它向前走几步，它就能够进入天堂了，那才是它应该去的地方。因此，我想请你帮我好好照顾它。"听了盲人的话，天使瞬间愣住了。

盲人说完这些话之后，就向他的导盲犬狗发出了一个前进的命令。就在导盲犬到达终点的一瞬间，盲人就好像一片羽毛一样跌进了地狱。导盲犬看见了之后，匆忙地转过头来，向自己的主人追去。懊悔不已的天使张开自己的翅膀追了过去，想要阻止导盲犬。但是，那是这个世界上最为纯洁善良的灵魂，它的速度远比天使要快。

最后，导盲犬终于又与自己的主人在一起了，即便是在地狱，导盲犬也永远守护在自己主人的身边。天使在那里站了很长时间，这时她才知道自己从开始就已经错了。

世界上有很多事情都是非常奇妙的，有时候，眼睛看到的并不一定是事情的真相。因此，适当地对自己的看到的"事实"提出质疑，就有可能会发现更好的出路。有些事情，你认为是正确的，却不一定是正确的。实际上，在现实生活中，不少事情并不是你想象的那样。导致这种情况发生的根本原因，就是你的主观思维误导了你。

在当今这个世界上，有很多的假象，对此，尽管你做不到每件事情都通透明白，但是至少应当做到任何事情都多思考一下，多问几个为什么，唯有如此，你才不会轻易地被假象欺骗，从而避免一些不必要的误会与伤害。

争论是毫无用处的

在争论的过程中，是不会有赢家的。倘若你争论失败了，那么你就失败了；倘若你在争论中获胜了，你可能会失去朋友，如此一来，仍然达不到自己的目的。因此，你最后还是失败了。

王永庆被业内人士称作"成本屠夫"。1981 年，为了更好地节省 PVC 原料的运费，他决定组建一支船队，直接从美国和加拿大将 PVC 原料二氯乙烷运回来。因此，他需要购买一些运输船。

那个时候，章永宁担任着中船公司董事长的职务。他知道，公司如果能够将国际著名的台塑订单拿到手，那么就能充分证明，中船公司已经有能力承造那些要求非常严格的运输船。于是，章永宁和另外的几家名声斐然的造船公司进行了相当激烈的竞争。在和这几家造船公司竞标的时候，中船公司的标价并不是最低的。可是在议价的时候，中船为了将这个订单抢到手，忍痛降低了价格。双方不断地讨价还价，眼看着即将成交了，但最后王永庆还是想让中船公司能够去掉价格的零头，也就是再降低 50 万美元。

章永宁听后，有一种欲哭无泪的感觉。中船公司在经历了好几个月的竞价之后，已经将价格压到了赔本的地步，但是王永庆还想继续压价。这个时候，尽管章永宁感到悲愤交加，想将王永庆痛斥一顿，但最后还是忍着心中的怒火，非常和气地说道："王董事长，我们仍然是好朋友，这笔买卖，我不做了，因为我不能对我的员工不负责任。"令人没有想到的是，王永庆被章永宁的话感动了，最后决定将造船的订单交给中船公司。

章永宁最后能够得到这个大订单，最重要的原因，同时也是首要的原因就是：在整个谈判过程当中，不管王永庆的要求多么过分，他始终都没有与之进行激烈的争论，从而避免了自己与王永庆发生正面冲突，最终一举中标，而且中船公司也因为这件事情"一战成名"。

任何事情都不需要争论，只需要给出最后的结果就行，因为争论是毫无用处的，赢家不是争论出来的。有一句谚语说得好："当你用自己的食指指着他人的时候，不要忘了另外的四个手指正在指向自己。"倘若你不断与别人进行争论，或许有的时候你会取得胜利，但是这种胜利是十分短暂的，因为你永远不可能获得对方的好感。卡耐基曾经说过这样一句话："世界上只有一种办法能够获得辩论的最大利益，那就是避免辩论！"

因此，倘若你想要自己的观点得到对方的认可，那么就应该表现得谦和一点，不要与对方进行争论。你万万不可一上来就向对方宣誓一般地说："我要向你证明些什么。"那就相当于你在说："你没有我聪明，我要改变你的想法。"

每个人都有好胜之心，倘若我们非得争论出个胜负成败，那么事情最终肯定不会成功。人们都喜欢比较谦和的人，倘若在与别人进行交往的过程中，你能够以一种谦和的态度待人，那么就能将事情处理得很好。著名科学家伽利略曾经说过："你不能够教导别人什么，你只能帮助别人去发现。"

接受不可改变的现实

为自己制定一个高标准，并且为了这个目标不断地进行努力，这本身没有什么错，但是，当这样的高标准给自己带来无限痛苦的时候，那就意味着这是在苛求自己。我们在做事情的过程中，需要看开一点儿，不要总跟自己过不去，这样才能生活得更加潇洒，更加快乐。

古时候，有一个以捕鱼为生的渔夫。他的捕鱼技术非常棒，但是他却有一个坏习惯，那就是特别喜欢立誓言，即便所立的誓言是非常不符合实际，哪怕一次又一次地碰壁，也会将错就错，死不悔改。

有一年春天，他得知墨鱼在市面上的价格卖得十分昂贵，于是就发誓：这一次出海的时候只打捞墨鱼。但是，在这次他遇到的都是一些螃蟹，最终，他不得不空手而归。上了岸后，他才知道，原来，现在市面上价格卖得最高的是螃蟹。因此渔夫非常后悔，马上又立下誓言：下一次出海的时候，只打捞螃蟹。所以，第二次出海的时候，他将所有的注意力全都放在打捞螃蟹上面，但是这一次他打捞到的都是墨鱼。没有办法，最后他又空着手回来了。此时，螃蟹在市场上价格最高。

到了晚上，渔夫躺在床上，为自己的行为后悔不已。于是，他再一次立下誓言：等到下一次出海的时候，不管是遇到螃蟹，还是遇到墨鱼，他都要打捞。然而，当他第三次出海的时候，不仅没有遇到墨鱼，而且也没有遇到螃蟹，他遇到的全部都是海蜇。于是，渔夫再一次空手而归。三次出海，三次空手而归。渔夫还没有来得及第四次出海打鱼，就在自己那些不知所谓的誓言中，饥寒交迫地死去了。

在现代这个快速发展的社会中，有着太多的诱惑。为了得到金钱，就以自身的健康作为代价；为了成就婚姻，就以自己的爱情作为代价；为了保全家庭，就以自己的真诚作为代价。当然，除了这些之外，有不少东西值得我们去追求，但不管什么时候，遇到什么事情，都不要为难自己，故意跟自己过不去。我们应该依据自己的想法去做自己想做的事情，去爱自己想爱的人，去成就自己想要成就的事业，这样，我们的人生才会快乐，才不会留下什么遗憾。

当事情已然发生的时候，倘若你拥有改变它的能力，那么就请尽可能地去改变它。反过来讲，倘若你没有改变它的能力，那么就请用积极的心态去接受它。

一对夫妻结婚十一年后才育下一子。这对夫妻非常恩爱，孩子自然也就成了二人的心肝宝贝。

在儿子过两岁生日的那一天，丈夫在上班临出门的时候，看到桌上放着一个药瓶，瓶子的盖子被打开了。但是因为自己赶时间，所以他仅仅嘱咐了妻子一下，让她将桌子上的药瓶收起来，然后就急匆匆地关上门去上班了。妻子在厨房中忙得焦头烂额，一时之间将丈夫的嘱咐抛到了九霄云外。

小男孩看到桌子上的药瓶之后，拿了起来，感觉非常好奇。后来，他又被药瓶中药水的颜色吸引了，于是，他就将里面的药水全部喝下。小男孩因此丧失了幼小的生命。

妻子被儿子死亡的现实吓呆了，她不知道该怎样面对自己的丈夫。心急如焚的丈夫赶到医院之后，得知噩耗，悲痛欲绝。他看着儿子的尸体，又望了望自己的妻子，然后走到妻子的身边，将妻子抱起来，说道："亲爱的，我爱你。"

丈夫并没有被自己的情绪左右，也没有对自己的妻子加以怪罪，反而强忍着内心深处的悲痛，努力安抚自己的妻子。因为他明白，儿子的死亡已经成了不可改变的事实，不管再如何责骂妻子，也不能将这个事实改变。妻子已经相当痛苦难过了，自己又怎么能够在这个时候再往她的伤口上面撒盐呢？

是的，不幸已然发生，我们唯一可以做的就是接受事实。

法国有一个十分偏僻的小镇，据说小镇上有一处非常灵验的泉水，经常会有奇迹发生，能够医治各种各样的疾病。有一天，有一名少了一条腿的退伍军人拄着拐杖一跛一跛地来到这个小镇上，打算去泉水祈福。小镇上的居民看到他后，十分同情地说道："真是一个可怜的家伙，难道他要祈求上帝再赐给他一条腿吗？"

这位退伍军人正好听到了这句话，他转过身来，微笑着对他们说道："我不是要祈求上帝再赐给我一条腿，而是要祈求上帝给予我帮助，让我在失去一条腿之后，清楚该怎样去生活。"

为了已经失去的东西而不断地懊悔，根本没有任何实际作用。我们最需要做的就是接受现实，然后再规划一下自己今后的生活。

漫漫人生路上，我们难免会遇到一些令人不高兴的事情。这个时候，你应该将它们视为一种避免不了的事情加以接受，然后再去慢慢地适应它们。著名的哲学家威廉·詹姆斯曾经说过："要乐于承认事情就是这样的情况，能够接受已经发生的事实，就是能够克服任何不幸的第一步。"

因此，亲爱的读者朋友，当不幸降临到你身上的时候，你必须鼓起勇气去接受已经成为定局的事实。或许你会感到有些不甘心，有些不情愿，但是你要克制并使自己的头脑保持清醒，正确地对待错误。只有这样，你才会拥有寻找新方向的机会，才能够更好地向成功冲刺。

不为难自己才会快乐，人生活在这个世界上，没有必要与自己过不去。凡事都看开一点儿，随意一些，潇洒一些，才能活得更加开心，获得内心的快乐。

"有钱，大家一起赚"

在现实生活中，有些人主张"一点儿亏也不能吃，有了利益就要独吞"。这种想法并不明智。

试想一下，作为小商贾，为了赚更多的钱，在买东西的时候缺斤短两，算计顾客，一时间，你是得到了更多的利益，但却受到了顾客的鄙视，失去了信誉。当所有的顾客都不愿意去你那里买东西的时候，你的生意也就做到头了。作为某公司的老板，为了赚更多的钱，拼命地压榨员工的工资，频繁地让他们义务加班，一时间，这位老板是得到了更多的利益，但却让员工寒了心。当所有员工都不再支持这位老板的时候，他的公司也就到了倒闭的那天。

老高是一个皮鞋匠，他做出来的皮鞋不仅质量好、外形美观，而且价格总是比其他家同类皮鞋便宜一些。所以，很多人都愿意来他这里买皮鞋。

随着皮鞋的销量越来越大，老高成立了一个皮鞋制造厂。在与客户做生意的时候，老高总是坚持"有钱，大家一起赚"的原则，给出一个十分合理的价格。由于老高皮鞋厂的皮鞋总是比其他家同等质量、同样款式的皮鞋价格低一些，因此，很多大客户都愿意与老高做生意。

没过几年，老高的生意越做越大，现在已经拥有几家皮鞋制造厂了。

一位成功人士曾经说过这样一句话："不要总觉得自己吃亏，有钱大家一起赚。"正所谓"吃亏是福"。

其实，在现代社会中，任何事情都不可能做到绝对的公平，总有人要承受一些不公平，要吃一点小亏。既然有的时候吃亏没有办法避免，那么你为什么还要去计较自己得到的好处没有别人多呢？最明智的做法就是，不要总想着将所有的好处独吞，分一点给别人，这样才能实现双赢。到那个时候，你就会发现，自己得到的可能会更多。

"有钱，大家一起赚"，用这种宽容的心态去看待"不公平"事件，你就会得到一种好心境，它也是帮助你创造美好未来的最大动力。

如果老板多给公司的员工一些工资与福利，那么成本就会加大一些。同样的道理，在做生意的时候，如果你多给合作伙伴几个点的收益，那么你所得到的利润就会变得少一些。

从表面看起来，你似乎不应该给员工更好的待遇，不应该给合作伙伴更多的利润，否则你就吃亏了。殊不知，当你的员工得到更多的实惠时，他们会更加死心塌地地跟着你，更加拼命地工作。这样一来，你有肉吃，员工有汤喝；你得到了一分的利益，员工获得了一厘的利益，进而你的员工会对你全心全意地付出，他们会努力为公司效力。在他们得到的同时你不是也收获了吗？

现在，我们再来说说你生意场上的合作伙伴。倘若你的合作伙伴知道，与你做生意肯定会比与别人做生意得到更多的利润，而且并不仅仅是一次多获利，而是每次都多获利，那么他就不会朝秦暮楚，萌生舍弃与你合作而去找别人合作的想法。倘若每一个与你做生意的合作伙伴都不舍得与你解除合作关系，那么你还用为你的生意做不大而发愁吗？

总而言之，如果你想着自己一个人赚钱，将所有的利益都独吞的话，那么你可能会得意一时，但绝对不会得意一世，甚至用不了多长时间，你就会为你的愚蠢行为而懊悔不已。要知道，总想着占别人便宜的人，到最后却会吃大亏；不计一切手段赚钱的人，到最后反而会亏损很多钱。只有那些懂得"有钱大家一起赚"的人，才能在生意场上走得更远，最终干出一番大事业。

都是攀比惹的祸

在我们周围中，不少人都喜欢与他人比较。在这些人看来，通过比较，能够找出事实的根源。但事实上，他们并不是在追求事实的根源，而是在暗中进行了比较。

刘倩的朋友艾静刚刚搬到新房子里，为庆祝乔迁之喜，就请刘倩和刘倩的老公，还有几个同事到自己家中做客。

看着艾静的新家，刘倩心中很不是滋味，因为自己还蜗居在一个小房子里。艾静的老公在带着他们参观房子的时候，刘倩的老公除了点头就是呵呵傻笑。

"你就知道笑，你和人家比比！"刘倩小声埋怨地对老公说道。

刘倩拿自己的老公和别人老公比，得到的结论是自己的老公缺点太多。不比还好，越比越气愤。

一段时间后，刘倩去还艾静的东西。门正好开着，敲门进去后艾静两口子都在。艾静跪在地板上正在擦地，可她的老公却悠然自得地边喝茶边看电视，时不时地还很不客气地指挥艾静："看，这儿，还有那儿，都没擦干净，接着擦……"艾静累得晕头转向。

这时，刘倩有些看不下去了，就对艾静的老公开玩笑说道："你怎么不去干这体力活啊，让你老婆干这个？"让刘倩没想到的是，艾静的老公却很淡定地说："哼，房子是我花钱买的，难道收拾家也要我去做吗？"

刘倩听后大吃一惊。在回去的路上，刘倩想：艾静每个月的工资也不少。她又出钱又得那么卖力地收拾家，还被自己的老公呼来喝去。

想到这里她笑了，笑自己竟然去忌妒艾静。自己家的房子虽然没有那么漂亮，可一家三口却也开开心心。刘倩经常不干家务，总是让老公去干，憨厚的老公每次都能积极地把所有的家务做好，从来没有说过半个"不"字。和艾静比较起来，她算是一个幸福的女人啊。从此，刘倩明白了一个道理：不能拿自己的和别人的比。其实，人们只是看到月亮是明亮美丽的，可他们也许不知道月亮的背面却是黑暗的。

拿我们和别人进行比较是一个不好的习惯，因为这样做会使我们牢骚满腹。人应该了解自己的优缺点，为什么总是拿自己的缺点去和别人的优点比较呢？你只要摆正自己的位置，做好自己该做的就行了。

俗语有言："人比人，气死人。"攀比和嫉妒，只会给我们自己找不痛快。人的欲望是个无底洞，当欲望得不到满足时，就会感到不痛快。其实，只要我们留心去观察，你就会看到，人与人比较的现象是随处可见的。

在工作中，一些职员总认为自己比别人干得多，但总是在基层徘徊，觉得自己的付出没有得到一点回报。在生活中，一些人对光鲜亮丽的明星羡慕忌妒不已，认为他们随便上个电视节目就会赚到一大笔可观的钱，而自己却受苦受累，还在只能解决温饱的状态，觉得世道不公、人心不古，心情压抑。

看到别人抓住时机，赚了大钱，就动了忌妒之心，心想："不就是机会比我好吗？要是我，我赚的钱比他还要多！"

回头想想，这样攀比有用吗？别人有的再多再好，那也别人的。人人背后都有难以言说的苦和累，成功的背后需要的是很大的付出和努力。既然别人成功了，肯定是在某方面做得比你好。你要是还在忌妒，还不如留着这时间做点实际的事情。

如果你有能力，那你就应该化攀比为动力，勇敢地追求自己想要的，努力让自己过得比别人好。如果自己没有能力，你就不要想太多，安稳地过好自己的生活。人与人之间是不同的，为什么要去为难自己呢？

所以，我们每个人都要有一颗平常心，不要一味地拿自己去和别人的现在比；去和自己的过去比吧，你也许会发现很多小小的惊喜：一个小小的进步，一个只属于自己的快乐。

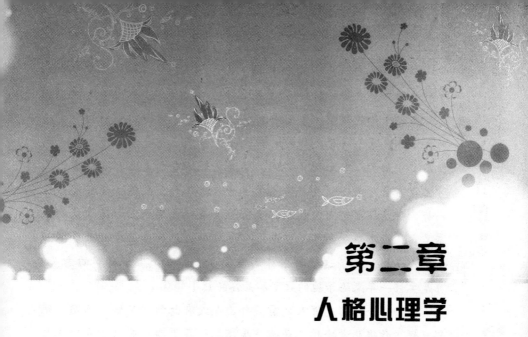

第二章

人格心理学

你无法正确评价自己

在现实生活中，我们通常会因为各种外界的因素而无法给自己一个合理的定位和评价。

小静在进入了大学之后想利用闲暇的时间去找一份兼职，她的英文还不错，于是就找了一份在培训学校做接线员的工作，工作的内容也比较轻松，而小静又善于言谈，很快就和主任熟悉了，两个人常常聊天吃饭。

有一天，教小朋友的英语老师临时有事，一时找不到代课老师，于是，主任就央求小静代为上课，小静心里想着小朋友都是小学生，应该不会很难教，再加上主任平时对小静照顾有加，小静就帮了这个忙，因此，日后每当小静在上班的时候，老师有事请假，都会请小静去代课，小静的时薪为 95 元。

经过小静的介绍，她的好朋友小雯也做了这一行，但是小雯的时薪是 100 元，同时小静的时薪也跟着涨到了 100 元，得知这件事情后，小静的心中出现了疑问，小静觉得她自己并没有不尽责的地方，也常常应主任的要求做了很多分外的工作，虽然主任经常嘉许小静，但是从来都没有在薪水上给予实质性的奖励，小静在意的并不是自己做了多少的工作，而是不能接受自己的价值为什么会跟一个新人一样。有了这个解不开的谜团，小静就产生了离职的念头，可是主任一年来给予她的鼓励和关怀又让小静犹豫了。

小静在介绍朋友进入之前，自己也没有想到过时薪的问题，她那时候工作得非常愉快，让她产生离职的导火线就是自己和朋友之间时薪的差异，小静迟迟不愿意表态也是因为"人情"的压力，在她工作期间，主任时不时地嘘寒问暖，这一切态度都让小静觉得自己很重要，但是从时薪上看来，似乎自己又不是那么重要，所以才会犹豫不决。

以上的案例就是非常典型的社会比较理论实例，自我评价很容易受到他人的影响，为了提高准确性，选择正确的比较对象是非常关键的，所以要放宽视野，扩大比较的范围，然后从不同的角度进行社会比较。

我们通过社会比较来对自我进行评价，显然是自我概念的一部分。但是除此之外，为了明确自我概念，还有必要超越时间而形成自我同一性，使现在的自我、过去的自我和将来的自我都统一在社会生活当中。

自我评价在很大的程度上受到"社会比较"的影响。就是说，参照的人物不相同，自我评价的结果也就会因此发生变化。

在自我同一特性形成的基础当中，包含着现在自我的属性、过去的自我、将来的自我属性比较，由此可见，个人之间比较能够转变成为个人内比较。因此，个人间比较是一种暂时比较。当自我不能获得实际客观证明的时候，就想通过过去自我和现在自我的比较来了解自我同一性，于是和现在的自我相类似的过去的自我就会很容易形成个人内比较。

优惠券的诱惑

很多人手里攥着钞票并不打算购物，但拿着优惠券去超市、商场逛一圈，出来的时候就拎着大包小包，而且脸上还洋溢着灿烂的笑容，觉得自己买的物品超值，因为这些物品都是使用的优惠券买的。到家打开仔细一看，才发现这些商品没有一件是自己需要的。由此来看，拿着优惠券购买时的喜悦无法弥补回家后的失落，低价购买的商品与你所付出的代价不成比例……

张乾在一家服装公司担任营销主管，目前的工作就是做一些市场调查，调查各公司同类产品的市场价格，然后通过研究调查数据，制定宣传产品的方案，揣摩消费者的心理……

当人们问起他出的那些方案，诸如"原价1000元，现价100元""满199减100""0利润""只为赢得信誉，不为获取利益"是真的时候，张乾笑了。

想想吧，多余的花销都是优惠券招来的麻烦，它就像一块磁铁，人就好比一块儿铁，只要见到商场的优惠券，就不由自主地被吸引过去了。商家充满诱惑的承诺，让人们失去了理智，认为自己赶上了好时机，能占大便宜，等离开磁铁时，才发现这些东西对自己的生活毫无意义。

当你手中没有优惠券时，你能坦然地穿行于商场之间；当你握着优惠券时，商场对你的诱惑就太大了，如果不进去购物，你会觉得对不起自己，对不起手中的优惠券。最后，你口袋中的钱被自己贪小便宜的心撒出去了。

其实，人的一生都在与各种各样的诱惑做斗争。当我们经不住诱惑购买了一些对自己生活没有任何意义的东西时，就会告诫自己，下次一定要冷静。也许，当我们再遇到商场有同样的优惠时，就不再相信了，但也许下次碰到这类事情，此类情况依然会发生。

要想让自己真正地不被那些优惠券所诱惑，首先要做到内心的平衡。也就是对自己的购买欲，这样内心才会平静下来。

刘念是一个职场的小白领，并且还是一个典型的"月光族"。每月发工资后，她要做的第一件事，就是还信用卡，然后接着用信用卡消费。她的信用卡的额度不断地提高，从刚开始的普通卡用户变成了现在的金卡用户。每个月的循环利息加起来也是一个不小的数目，刘念称自己也不想这样，当初为了首饰店的一张优惠券才办的这张信用卡，如今却要为当时的贪小便宜的举动付出如此高的代价……

我们每个人都有强烈的占有欲，都想拥有很多美好的东西，这反映出人贪婪的一面。同时，这是我们人性的一大弱点，它让很多人走上了错误之路，甚至是走向犯罪。

现在的这个世界无奇不有，往往让人目不暇接，就像一个万花筒，每时每刻都在不停地向人们散花，人们观望着美丽的万花筒，贪婪的心想把所有飘落下来的花瓣都收集在自己这里，想把这一切美好的记忆据为己有，不想让自己留下任何的遗憾。他们很清楚自己的这种想法是不现实的，也是不可能实现的，但是还是会拼命地去争夺，希望能得到更多。然而，事实正好相反，很多人的想法与故事中刘念的一样，为了得到金店的一张优惠券，办理了一张信用卡，从此让自己落入了商家的"圈套"，"幸运"地成了一个"月光"的"卡奴"。

也许你还会遇到过这种情况：你早已在商场看好一件心仪的商品，可是因为自己没有经济实力，每次去商场只能看看，偶然的机会正好碰到商场搞活动，商场的优惠券给了你很大的希望，你高高兴兴地拿着优惠券去购买时，却发现商家已经修改了价格，使用优惠券之后，和之前的价格正好是一样的。看似使用了优惠券，便宜了好多，其实优惠券并没有给你带来优惠。

从拿着优惠券购物的人们身边经过，也许你会懂得，优惠券并没有带给人们真正的优惠，但是它满足了大家消费的心理。

星座运势中的美好愿望

有不少人喜欢谈论星座，并且对星座运势非常相信，甚至达到通过星座来了解周遭的人的程度。其实，星座运势中对每一种性格的解释都差不多，只是将词语简单变了一下，于是人们就对这种解读情有独钟。当看到星座中的解释和自己的实际情况有一点相关时，很多人更是深信不疑，认为这个解释非常有道理。其实，基本上每个人都能从它的解释里找到一些和自己性格相似的地方。

赵茜是个星座迷，基本上每天出门之前都要看看自己今天的星座运势如何，如果有一天忘了看，就会担心今天的运气不好。她总是按照星座上的运势来决定自己今天做什么。无论是屋子的装扮风格，还是平时的穿衣打扮，她全都按照星座书的指点进行。无论是参加朋友的聚会还是外出旅游，都要查个明白，如果星座书上说不适合做某件事，她就一定不会去做。

每当别人询问为何她这么相信星座上的解释，她就会用自己的例子作一番说明。她认为星座上对自己的性格的解释非常正确，完全符合自己的实际情况，因此有很大的可信度。并且她按照星座上的指示去办事，总能受到同事和朋友的喜欢，不管是工作还是人际关系，她都能处理得非常好，因此也就更加相信星座了。

有些人可能也知道星座上的东西不太可信，并且也进行过相关知识的学习，然而还是对那些介绍的内容不能忘怀。这种情况可能是人的虚荣心在作祟，由于星座上的话大多数都是一些美好的话，对每个星座出生的人进行一番夸奖，就算是有缺点，也并不是什么严重的缺点，完全可以忽略不计。试问有谁不愿意听好话，有谁不愿意受到夸奖呢？星座书上的解说正好满足了人们的这个愿望，不管真实的情况是怎样的，人们都愿意去相信。

既然人们愿意去相信，那么假的也变成了真的。可能你在看了星座书上的描述之后，不会立即就有相应的认识，但是生活中不经意出现的情况，就能让你想起那些话，觉得它们说得非常有道理。每个人都希望自己有一个知己，尽管星座不能像朋友那样听人诉说，但是被说中心事的感觉还是非常不错的。有了这样的体验后，再看星座运势，就会带着一种欣赏的心态去看，于是越来越喜欢，越看越觉得有道理。实际上，人们都愿意去相信美好的事情，而不愿接受不好的事情，星座上的推断正是满足了人们的这种愿望。

人们愿意听好话，这是经过心理学方面验证的。在星座的解释里，总是把人们的优点无限放大，说得天花乱坠，而缺点则尽量说得风轻云淡，似乎全都是毫不起眼的，可以忽略的。这样的话谁都爱听，因此它受到人们的喜欢也是必然的了。

不过话说回来，尽管星座上说的那些话不可信，但它也并不是一无是处。我们的生活不可能总是一帆风顺，实际上任何人的生活都是问题叠着问题，那么在遇到问题的时候应该怎么做呢？当然是以快乐的心态去面对了。如果你整天都闷闷不乐，只会让事情变得更坏。

一个人的命运是随着他的心境而改变的，同样是一件事，不同的人会有不同的处理方法，也会产生不同的结果。人在事情中占主导地位，是自己命运的主宰。只有用信心和微笑去面对生活，才能让自己的生活变得丰富多彩。

不要说你没有拖延症

很多人都希望自己做事的时候可以特别果断，但是事实却总是让人很无奈。

这是一个刚刚走上工作岗位的年轻人和他母亲之间的对话。

母亲：小迪，快起床吃饭，上班快迟到啦！

小迪：好……

母亲：还有10分钟就七点半了。上班没多久就经常迟到，会给领导留下不好的印象的。

小迪：知道啦，我就多睡3分钟。

小迪依然没能在母亲的催促声中起床。时间嘀嗒嘀嗒……

这天小迪不出意外地迟到了，事实上，每月都有几次这类情况发生，因此小迪也被领导贴上了"不思进取"的标签。

相关的调查数据表明，大部分人都存在喜欢拖延的毛病。尽管不能说这是一种心理上的疾病，不过它却总是给人们的工作和生活带来重大影响。

尽管对完美的追求能让一个人觉得自己很优秀，但这同时也会给他们造成很多麻烦。例如有时候他们已经想到了某种解决办法，但是因为追求完美，就想等到自己能够将这个办法想得更全面之后再告诉别人，或者是等自己的观点更成熟一些，再告诉别人。因此，他们就没有开口，而是一直拖延下去，最后将机会错过，让别人抢了先，于是他们的观点再也表达不出来了。这时候追求完美的人可能会觉得特别不高兴，就像是自己的观点被别人偷走了一样。然而等到以后遇到这种情况时，他们仍旧选择沉默，因此他们总是陷入这种痛苦的怪圈之中，难以自拔。

追求完美的人一般都会宅在家里玩儿电脑、听音乐或者是看电影，他们很少和别人交往，也不愿意像别人那样参加社交活动。这当然不是因为他们没有社交能力，只是因为他们不愿意让自己成为别人的笑料。因此，他们宁愿一个人躲在角落里，也不去参加公众活动。

不管在何处，都一定少不了喜欢拖延的人，只要你认真观察一下，就会发现这种人的存在。

有时候人们对一件事一直拖延，自己也不知道为什么不愿意去做。有时候人们拖延，是希望问题能够在今后的某一个时间解决掉，或者是想得到别人的帮助。不过拖延绝对不是解决问题的办法，只会让时间越来越紧迫，到最后还是要匆忙地完成。

由于现在人们所面临的生活压力都特别大，生活的节奏也让人非常疲倦，因此不少人都患上了拖延症。人们总是不愿意正视困难，希望通过拖延来逃避困难，让自己得到一些喘气的时间。但是拖延毕竟不是办法，拖延只会让事情越来越糟。只有行动才能产生力量，因此要放掉拖延的毛病，该做什么马上就要行动起来。

可怕的"自卑情结"

即使是事业成功的名人也不敢信誓旦旦地说自己"从来都没有过自卑的感觉"。倘若一个人认为自己在某一个方面不如别人，所以要不断努力，不断提高自己在这方面的能力、修养，那就很有可能会取得巨大的成功。譬如，双耳失聪、双目失明的海伦·凯勒在不断地努力下，一生都在为慈善与教育事业奋斗；小时候左手被严重烧伤的野口英世成了世界著名的细菌学家。虽然我们没有办法知道这两个人是不是曾经自卑过，但是这些都是十分典型的例子。

那么，如果人产生了极度的自卑感，最终会是什么样的呢？

奥地利心理学家阿德勒为这种极度的自卑感下了一个定义，就是"自卑情结"。所谓的自卑情结就是指对于自我的评价过低。依照心理学家阿德勒的理论，自卑感在每个人心中的定义是不一样的。阿德勒认为，每一个人都会存在先天的生理或者心理上的缺陷，这就说明在每个人的潜意识中都存在自卑感，而且，每个人处理自卑感的方式不同，这又会对人的行为模式造成一定的影响。许多精神病理现象之所以发生都是因为处理自卑感的方式不当。按照艾里克森的人格发展理论，6 至 11 岁是决定一个人是勤奋向上还是自卑、自暴自弃的最关键的阶段。

而"自卑情结"是阿德勒在《个人心理学》一书中所阐述的核心概念。他认为人对于"优越性"的强烈渴望是源于"自卑感"。儿童对于内心自卑感的抵抗被称为"补偿作用"。补偿作用是推动一个人不断努力、不断向前的根本动力。

有趣的是，阿德勒之所以能够提出"自卑情结"的概念，与他自身的经历息息相关。

阿德勒是奥地利一位十分著名的心理学专家，被誉为"现代自我心理学之父"。1870年，阿德勒出生于维也纳的一个商人家庭，排行老二。他的家境富裕，吃喝不愁。按道理说，他应该是一个快乐的孩子，但是，童年的阿德勒过得并不快乐。这究竟是什么原因造成的呢？主要原因来自于他的亲哥哥。两个人虽然都是一母所生，但是哥哥身强体壮，性格开朗，人见人爱。可是，阿德勒却体弱多病，而且从小驼背，走起路来就像个老头儿。这给阿德勒的童年带来了极大的伤害。

祸不单行，就在阿德勒5岁那一年，他又生了一场大病，这场病更是让他的身材变得矮小、面貌变得丑陋。还好阿德勒十分聪明，长大之后他考上了大学，毕业之后成了一名医生。因为自身的残疾，1907年，他发表了一篇因为自身的身体残疾而导致自卑的论文，并借此声名大噪。从此，他的成就渐渐超过了哥哥。

正是因为自身的经历，使阿德勒意识到社会文化因素在人格的形成与发展过程中发挥着极其重要的作用。他的主要观点是：追求卓越可以给人带来前进的动力。追求卓越是人类天生的内驱力，这种内驱力的作用就是努力让自己成为一个没有缺陷的人，一个完美的人。另一方面，它还可以让人奋发图强、力求振作，从而补偿自身的缺点。

自卑情结严重的人很容易患上精神病。他们或许会变成竞争意识较强的权威主义者，很难和他人产生共鸣。他们或许会不惜一切代价，倾注所有精力去争夺，最后一定会导致个人的社会生活发生扭曲。

为了不让自卑感发展成为自卑情结，我们应该多向阿德勒学习，他认为"所有人的进步都是努力战胜自卑的结果"。所以，只要心中有信念，就可以达到目标。

摆脱你的恐惧心理

恐惧症是对于某一种环境、某一件事情瞬间产生的一种无理由的恐慌心理。恐惧症患者一旦处在这种特定的环境中，便会产生一种无边的恐惧感，以至于会千方百计地躲避这种环境。其实，患者也知道这种情绪是不合理的、可怕的，但是依然不能控制住自己的内心。

通常情况下，恐惧症并不需要专业的医生给予治疗，只要稍微注意克服一下便可。轻微的恐惧心理没有什么可以担心的，很多人都有自己恐惧的事物。一定程度的恐惧对于身体是有益的，就像打疫苗一样。

恐惧症的临床表现十分普遍，最为常见的是社交恐惧症、物体恐惧症以及疾病恐惧症。较大程度的心理恐慌，会让人处于一种"智力落后"的状态，在这种情况下，人们不免会做出缺乏理智的事情，进而对生活与工作造成不同程度的影响，甚至会大大降低人体的免疫力。最轻的表现为神经衰弱、坐立不安、茶不思饭不想等。

宋文琳在一家外企工作，因为工作成绩突出，因此被晋升为公司的业务骨干，经常被领导派往全国各地出差，并且进行相关的工作指挥。在工作期间，她因为常常需要坐飞机到各地，所以成了公司名副其实的"空中飞人"，这让同事们好生羡慕。

可是近年来，宋文琳对于乘坐飞机这件事并不是满心欢喜，而且异常恐惧。这源于她一次恐怖的乘机经历：在一次乘坐飞机的过程中，飞机起飞还不到10分钟便出现了问题，整个机舱突然晃动起来，于是，空姐就让乘客把头埋在两腿之间，紧紧地抱住。幸运的是，一阵颠簸之后，飞机安全着陆，而且顺利返回地面。就是这一次与死亡擦身而过的经历，让宋文琳对坐飞机这件事产生了强烈的恐惧。她说，现在的自己对飞机心有余悸，甚至已经到了听"机"色变的程度了。现在的她只要一听到领导要派她出差的消息，就感觉自己像在受刑，惶恐不安。

但是因为工作的关系，她不得不乘坐飞机。后来，每一次乘坐飞机，她都会想起写遗书的那一幕，想起她在飞机上的危险时刻，进而联想到人的生命是如此的脆弱，当危险来临时，自己是多么的无助。随之而来的便是手心不自觉地出汗、呼吸急促等。她说，对于这种感觉的恐惧已经远远超过了乘坐飞机本身。

有一次，宋文琳与几个朋友在一起吃饭，无意中说到了一些坐飞机的趣事。开始时她还可以听进去一些，可当朋友说到"什么保险受益人"之类时，她就变得越来越难受，甚至脸色发白、浑身发抖，手掌和额头全是汗。最终，她失去了控制，竟然不顾及形象地在餐厅大喊起来："闭嘴，你们不要再说了！"

朋友们都认为她莫名其妙，但是她过了很长时间都没有平静下来。据她自己说，从小到大，她从来都没有对任何一件事情失态过，当时真不知道是哪一根神经搭错了。

宋文琳在乘坐飞机或者听到别人谈论关于飞机的事情时，所表现出来的心跳加速、焦虑不安、呼吸急促等生理症状，其实就是来自于对飞机的恐惧，也就是说，她得了恐惧症中的一种——飞机恐惧症。

总的来说，当恐惧心理极其严重的时候，就会危害到人体的健康，特别是老年人，倘若长期恐惧，会让身体的衰老速度加快，进而让整个家庭都陷入不和谐的阴影中，严重者会对家人的正常生活造成影响。因此，对于恐惧症万不可掉以轻心，一定要有足够的重视。而要克服恐惧紧张的心理，就要注意调整好自己的心态，保持积极向上的乐观态度。

恐惧是七情六欲中一种正常的心理状态。面对死亡，面对疾病，面对分离，我们都会心生恐惧，但恐惧又有什么用呢？除了让脆弱的自己备受折磨外，恐惧一无是处。所以面对不必要的恐惧，我们要强大起来，用轻松的心情战胜它。

"仇富"心理为何如此普遍

如今人们的生活水平虽然提高了很多，但同时贫富之间的差距也越来越大。在这种大环境的影响下，不少人心中滋生了"仇富"的心理，看到富有的人住着别墅、开着豪车，就恨不得上前去对他拳打脚踢暴揍一顿。

近日，某网络平台又出现了一则关于"富二代"的新闻：低调富二代李某荣登某富豪榜第七名，年仅32岁，创办多家产业。行为低调，自幼志存高远。

下面评论区网友的评论：

还不是靠爹，又是一个有背景的；

我要是有一个有钱的爹，我也可以做到，没什么大不了；

呵呵，又是一个有背景的。

……

网友评论的内容几乎极度相似，一致认定富二代李某混得好就是因为家里的原因。

根据相关资料的分析发现，当社会制度非常完善的时候，如果一个人要成为财富超过别人很多的富豪，需要经过很长一段时间的发展。但是当社会结构还不稳定，正处在飞速发展中，由于各方面的制度都不完善，产生一个富豪需要的并不是时间，而是机会。一个恰当的机会，能够让本来一无所有的人突然变成富翁，但是抓不住机会，就算时间再长，也可能是白费力气，结果什么都得不到。正是由于这个原因，让很多人的心里产生了不满，感到这个社会太不公平了。于是，他们对富有的人极度仇视。

当仇富心理产生的时候，人们很有可能会希望自己得到富人的一些财产，认为反正他们有那么多钱，少一些也没什么问题，于是就有了类似于古代的那种"劫富济贫"的心理。这种念头一旦产生，就会在今后一直保留下去，像种子一样在人的心中生根发芽。

与普通人的仇富心理相对应的是，一些富人在日常生活当中不知道收敛，总是赤裸裸地将自己的财富显露出来，也可能在他们的心中很享受这个炫耀的过程，喜欢成为众人的焦点，以接受别人羡慕的目光为荣。这种炫富的现象更是火上浇油，让人们心中本来就存在的仇富心理更加严重。

富人们觉得拥有财富是自己的一个优势，于是想尽一切办法将这种优势展现出来，这实际上是一种虚荣心理，就算是不富有的人，也会想办法将自己其他方面的优势展现给人们看。

很多人之所以仇富，是因为自己本身缺少财富，所以看到别人那么有钱，心里就会愤愤不平。财富并不一定是钱，物质方面的财产固然是财富，但其他方面的财富也有很多，比如聪明的头脑、健康的身体、和谐的家庭等。之所以会产生可怕的仇富心理，是因为思想境界不高，没有充分认识到什么是财富。

通常情况下，越是斤斤计较、爱和别人进行比较的人，越不能过好自己的生活。因为他把注意力都放在了别人的身上，却不知道自己的缺陷以及优势在什么地方，因此也不知道自己的生活应该怎么过下去，自然就得不到想要的结果。然后他就会更加仇富，认为上天很不公平，自己这么出众，却比不过别人。在这种恶性循环之下，他的情况只能是越来越糟，最后变得更加堕落。

有钱就一定是幸福的吗？没钱就一定不幸福吗？生活不是那么简单的，如果你把幸福的定义想得如此简单，那你就大错特错了。让自己保持一颗平静的心，这样才能在物欲横流的社会当中保持清醒和理智，不去羡慕也不去嫉恨，心态平和之后，你才能过好自己的生活。

你的自控能力有待增强

每个人都有自己应该做的事情，但是外界的诱惑又总是很多，这些都让你不能安心做事，这时候你的自控能力就显得尤为重要了。如果一个人没有自控能力，就很难把事情做好。

谁都希望自己的自控能力好一点，但是并非人一生下来就有好的自控能力，它是需要经过长时间的培养才能形成的。

一个人的自控能力是会随着年龄的增长而增加的，但接触到的外界诱惑也会越来越多，并且诱惑力也会逐渐增强。想要在物欲横流的社会当中保持清醒，专注于自己应该做的事，没有强大的自控能力是绝对做不到的。

如果你的自控能力很差，一个简单的诱惑就能让你偏离正常的生活轨道，这样一来，你就永远都不可能获得成功。你会在通往成功的众多岔路口上迷失自己，并且抱怨为什么自己会变成这样，这不是你想要的生活。自控能力差的人，总是会发现自己控制不了自己，虽然明知那样做是不对的，但却偏偏有挡不住的欲望支配着你去做。

人生看似十分漫长，像是怎么都走不到尽头一样，实际上却非常短暂，短到你还来不及叹息一声，就已经垂垂老矣。若是你连自己都掌控不了，就更不要去想掌控好你的生活。于是到头来什么也没有干成，你活着的时候似乎生命永远都不会停止，但是等你死了，却好像从来都没有活过。

自控能力如此重要，关系到一个人的一生会不会有所作为，因此一定不能等闲视之。想要让自己有掌控自己的能力，你就不能总是做那些毫无意义的事。刚开始你可能会觉得做一次两次这种事不会浪费自己多少时间，也不会对自己的生活产生影响，但是你不知道，你之所以不能掌控自己，就是因为这些事。

有些事做一次两次虽然没有什么，但如果你一直这样做下去，逐渐就上了瘾。于是你忘了开始时只是想玩玩而已，慢慢将它变成了一种习惯，最后沉迷其中，无法自拔。一个人的时间有限，你把时间都浪费在无意义的事情上，自然就没有时间去做正事了。就算你有时间，你的精力也不够用。

生活中一定要注意防微杜渐，很多毫不起眼的行为，到最后都会给你带来重大的影响，因此在一开始就不应该接触那些能让你玩物丧志的东西，只有这样，你才不会沉迷其中。

你薄弱的自控能力，除了行为上的因素之外，还有心理上的因素。人的心理变化难以捉摸，你很多时候控制不了自己的心理，也压抑不了自己的情绪，于是你就会做出很多错事。即便你当时没有因为情绪不好而做错事，也可能会为此生气很久，严重影响到你的工作和生活。如果你带着不好的情绪，那么肯定什么事情都做不好。因此，控制自己还有很重要的一方面就是控制自己的情绪。一个成功人士，肯定是一个能控制好自己情绪的人，不会遇到一点事情就烦闷、苦恼。

总之，若是一个人控制不了自己，就绝对不会有好的生活，也不能成就事业。因此，你需要不断培养自己的控制能力，做到灵活掌控自己的行为和自己的心情。只有这样，你才能打开成功的大门。

忌妒让人身心俱疲

忌妒心强的人，因为自己无法成事，便贬低他人的能力，或者用怀疑别人的动机，污蔑他人。于是，因为忌妒而产生的种种不好的行为就表现了出来：或咬牙切齿，恼羞成怒；或消极沉沦，萎靡不振；或铤而走险，伤人误己。

李琼与刘梅是某所艺术学校的学生，她们住在同一个宿舍，一同生活，一同学习。来到学校不久，两人就成为了形影不离的好朋友。

李琼的性格活泼开朗，能写能画，善歌善舞，人们都喜欢和她交朋友。但刘梅却恰恰相反。她的性格十分孤僻，在课堂上也不积极发言。到大三的时候，刘梅越来越感觉自己像一只丑小鸭，但是李琼却像一个美丽的白雪公主，这让刘梅的心里感觉很不爽。刘梅认为李琼处处都压自己一头，所以时常用言语讽刺李琼，但是李琼却一直没将刘梅的反常情绪放在心上，觉得是自己的好朋友，不用太计较。

没多久，李琼参加了学校组织的服装设计大赛，并且获得了一等奖。刘梅在知道这个消息后先是无比失落，然后是妒火中烧，借着李琼不在宿舍的时间将李琼的参赛作品撕成了碎片，全部丢在了她的床上。李琼得知这件事后，不知道该如何面对刘梅，更不知道为何自己会遭到如此待遇。

李琼与刘梅从形影不离的好朋友变成冷眼以对的仇人是非常可惜的。引起这场悲剧的根源，关键在于"忌妒"这两个字。

也许大家有所不知，忌妒其实是一种心理疾病，属于一种内心情绪的体验，通常是由不正确的比较产生。例如，当看到别人在某一方面比自己优秀的时候，便会产生一种由羡慕到恼羞成怒的情感状态，为了打消这种不平衡的心理，人们往往会采取消极的补偿方式，一般情况下，不满、怨恨、烦恼、恐惧等不良情绪总与忌妒形影不离。

有些人发现自己与别人存在一定差距的时候，并非努力提高自身，而是想办法贬低别人，这种行为就是忌妒。忌妒的范围十分广泛，包括忌妒人、忌妒事、忌妒物等。手段也十分多样，有些人挖空心思散播流言蜚语，有些人甚至用卑劣的手段对他人进行肉体上的伤害。

在人类的诸多感情之中，再没有比忌妒更加可怕的了。一方面，它是一种极其普遍的心理；另外一方面，它又是极其不光彩的。然而，它却存在于人们的潜意识中，好似一团暗火在内心深处熊熊燃烧，这种强烈的折磨足以让人发狂，甚至走上犯罪的道路。在竞争如此激烈的社会环境下，忌妒似乎成了一种严重的传染病，成了社会的洪水猛兽，剥夺幸福的恶魔。

忌妒心理会产生恶性循环，而预防忌妒心理，首先应该认识到忌妒对于身心健康造成的危害，心胸要变得开阔一些，以诚挚友善、豁达大度的态度与人相处。其次，要做到知己知彼，给予对方正确的评价，明确对方的长短，懂得控制自己的感情。同时，要懂得克服自己心理上的弱点。通常而言，虚荣心强、好出风头的人比较容易产生忌妒心理；狭隘自私、敏感多疑的人也容易产生忌妒之心；而软弱、依赖、偏激、傲慢等性格弱点，更是诱发忌妒心理的导火线。因此，要学会将忌妒之心转化为前进的动力，奋起直追，不断充实自己，让自己的潜能与特长充分展现出来。

不良情绪的巨大危害

情绪和人类的健康是息息相关的，我国古代中医理论中就有"喜伤心、怒伤肝、思伤脾、忧伤肺、恐伤肾"之说。当一个人的情绪出现变化的时候，他的身体和心理也有着相当大的变化。好的情绪可以防病、治病，有益于身体健康，不良情绪却可以损害人体的健康，甚至还能致病、致死。

很久很久以前，在一个部落里发生了一起命案，因为一时间找不到凶手，酋长只好求助于当地的巫师，可巫师也不知道凶手是谁。但他为了保住自己的名声，就拿出了一种液体，这种液体其实是一种毒药。巫师对村里的人称：这种液体有神奇的功效，普通人喝了不但没有副作用，还能强身健体；但凶手喝了，不出两天就会死去。所以让大家两天之后再来这里集合，到时候一看便知。大家都相信了巫师的话。两天之后，清白的人因为坚信"法液"不会伤害自己，最终都安然无恙地站了出来。但真正的凶手却陷入绝望之中，这使他的身体受到了很大的伤害，最后死在了家里。

如此看来，积极的情绪状态可以增强人体的抵抗力，而消极的情绪状态则会减弱人体的抵抗力，甚至还能对身体构成伤害。

好的情绪不仅能够增强机体的活力，还能提高机体的免疫力，减少神经系统和消化系统的疾病。许多临床经验表明，积极乐观的情绪对治疗疾病也大有好处。

根据调查显示，大多数长寿者的共同特点之一就是能够保持愉快的心情和乐观豁达的心态。

过度的情绪反应就是指当事人的情绪反应过于强烈，超过了一定的限度。持久的消极情绪则是指当事人经历了某些对其打击很大的事情，从而陷入悲伤，无法自拔。

目前，大量的科学实验和临床观察都已证明：不良的情绪不仅会使人的心理活动失去平衡，而且还会造成生理机制的紊乱，从而导致各种疾病的产生。

我们周围就存在很多这样的人，当他们面临重大抉择或工作挑战时，就会出现不同程度的身体不适。比如失眠或者是食欲不振等状况，这些都是因为过度紧张和焦虑造成的。

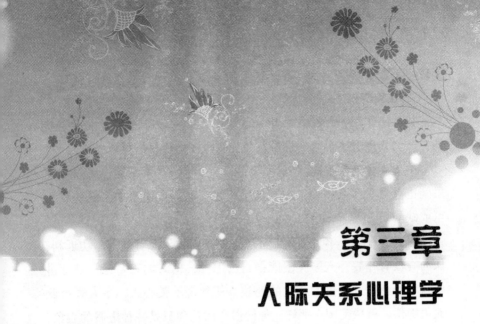

第三章
人际关系心理学

拥有好人缘的必要条件

谁都希望别人愿意和自己打交道，愿意帮助自己。在一个地方待久了，人际圈子就会越来越大，自然也就希望自己有一个好的人缘。

下面是拥有好人缘的必要条件：

1. 尊重他人

谁都有自尊心，谁都希望受到尊重，而且对尊重自己的人有一种天然的亲和力、认同感。对人尊重，就是在日常生活中，不管对方的地位如何、才能怎样，只要打交道，就应给予人格的尊重。做到礼遇要适当，寒暄要热烈，赞美要得体，话题要投机。让人感到他在你心目中是受欢迎、有地位的，从而得到一种满足，感到和你交往心情很愉快。

尊重人还要注意记住对方的名字，对于有职位的人尽量称呼对方的头衔。在平时工作中，要多征求他人意见。需要别人帮忙要多用请字。

2. 礼貌待人

礼貌的作用：一让大家相处愉快；二使大家在一起时，秩序井然；三为表现合乎自己的身份；四为发挥以让代争的精神。

中华文化非常重视"礼"。《论语》上说："不学礼，无以应。"民间也有"礼多人不怪"的说法。可见，在人际关系中，礼貌是不可或缺的。

对人有礼貌，不见得马上会产生良好的效果。有些人急功近利，认为有没有礼貌，人家又不能把自己怎样，何必约束自己，处处讲求礼貌？有些人注重形式化的礼貌，却丝毫不关心人，令人觉得此人很虚伪。就像美国人那样，他们惯有的礼貌只是一种虚假的表象，并不含有任何情感因素。

3. 热情

对人热情，是人际关系的支点。对人热情，能形成感情的交融和吸引；对人冷淡，则会令人心寒，让人望而却步。人缘好的人，与人相处，谦虚有礼，态度热情，和颜悦色，满面春风，给人以和蔼可亲、平易近人的良好印象。

有些人心眼儿并不坏，但是对人缺乏热情，总是绷着脸，没有一丝笑意，冷冰冰的，严肃得可怕。这样必然会使对方拘谨不安，关系就很难亲密了。

4. 真诚

朋友相交，贵于交心。也就是说，知己朋友要心意相通、坦诚相待。诚实的人最容易获得信赖。俗话说得好："人心要实，火心要虚"，诚实的人会获得更多的人缘。

诚实是一种高尚的人格，是对自己、对他人和社会负责任的表现。人缘是人格的一种反馈，是人格的副产品。对人真诚，说话实在，做事有根，把问题摆在明处，不在背后搞小动作，不要滑藏奸，而是光明磊落、踏踏实实。

诚实的品质主要体现在重信义上，与人共事要"言必信，行必果"。如果拿信义开玩笑，当面允诺，过后又忘得一干二净，别人追究，又一再搪塞，如此对人对事，一定会得罪朋友，失信于人，人际关系恶化，人缘变差。实际上，诚实的人信誉度高，朋友会变得多起来，人缘也就越变越好。

5. 宽容忍让

宽容忍让，易博得他人的爱戴和敬重。一般地说，人缘好的人几乎都具有对己严而对人宽的优秀品质。

与人相处应懂得照顾别人的个性需要，能求同存异，不能以自己的好恶来约束、苛求他人，特别是对他人的过失、不足，甚至在他人做了对不住自己的事情时，只要不是原则问题，就应给以宽容、宽恕。不要求全责备，过分抱怨。更不要揪住人家的小辫子，当众揭短。这样，别人才会把你看成是一个宽厚的人，而愿意与你相处。如果对他人过分苛求，人家就不敢、不愿靠近。古语道："水至清则无鱼，人至察则无徒"，说的就是这个道理。

办事过程中难免发生矛盾、分歧，善处关系的人，往往能以忍让态度化解矛盾，防止矛盾激化。甚至在自己明显占理的情况下，让人一步，叫人家体面地下台。在物质利益面前，能够克制自己的欲望，尽可能地把方便、利益让给他人。这种宽容大度、吃亏让人的品格无疑会赢得较高的社会评价，并使你每每在办事中获利。

6. 乐于助人

乐于助人不仅是一种做人的美德，也是赢得好人缘的高效能武器。要关心他人的境遇和需求，有时别人有困难，又不好意思直说，如果你能善解人意，将心比心地为他想一想，尽可能地主动帮他解决难题，特别是雪中送炭，那对方一定感激不尽，并把你当成知心朋友而铭记不忘。

现代交际学认为：人际之间存在"互惠""互动"关系。也就是说，与人相交，你如何待人，对方就会如何待你。这种对应关系告诉我们：好人缘正是自己友好对人、善意待人、慷慨助人赢得的犒赏。

7. 赞美他人

赞美他人的长处、优点，不论是口头的称颂还是书面的赞扬或者传媒的美誉，只要是赞美之词，都能给他人带来好的心情，美的享受。赞美是同批评、反对、厌恶等情绪相对立的一种积极的处世态度和行为，是一个人获得好人缘的有效手段。在赞美他人的过程中，我们需要注意：

（1）赞美对方的一个优点，可以拉近与对方的距离。

（2）赞美对方的特长、爱好，让对方得到心理满足。

（3）赞美对方不被人所知的优点，会收到意想不到的惊喜。

（4）赞美对方引以为傲的事情，是很恰当的赞美方式。

（5）赞美细节，体现高尚的情感。

（6）间接地赞美对方，可以获得比直接赞美更好的效果。

（7）赞美对方可以转变的弱点，可使对方进步。

（8）赞美对方的潜力，可使对方提高自信心。

（9）赞美对方所亲近的人，会增强赞美效果。

（10）在背后赞美，能换取对方的真心感激。

8. 幽默

幽默是以一种愉悦的方式让别人获得精神上的快感，是社会交往中一门高雅而有效的艺术。幽默可以获得周围人的钦佩与赞赏，摆脱尴尬，使你的人际关系更加和谐融洽，提高做事效率。

幽默的力量，决不仅仅在于博人一笑而已，它还能润滑人际关系，祛除忧虑愁闷，营造宽松的氛围。幽默可以消除紧张情绪，创造一种轻松愉快的工作气氛，绝大多数人都愿意与那些有幽默感的人打交道。心理学家凯瑟琳说过："如果你能使一个人对你有好感，那么也就可能使你周围的每一个人甚至是整个世界的人都对你有好感。只要你不只是到处与人握手，而更是以你的友善、机智、幽默去传播你的信息，那么时空距离就会消失。"

初入社会，要培养自己的结交意识，以备不时之需。值得注意的是，获得友谊不是简单的交换，而是可以体现做人的基本素养的行为。把好意传达给对方，给他充分的关心，人际关系定会和谐愉快。如果不了解这种基本原则，要想拥有好人缘是不可能的。在现代社会中，很多人希望自己的感情投资能立竿见影，否则便不愿付出。此种以利益为先的结交意识，是商业性的功利行为，把它应用在人与人之间的交往是不可取的。

向对方表现自己的友善

子路曰："人善我，我亦善之；人不善我，我不善之。"

子贡曰："人善我，我亦善之；人不善我，我则引之进退而已耳。"

颜回曰："人善我，我亦善之；人不善我，我亦善之。"

以上这段话出自《韩诗外传》，讲述的是子路、子贡、颜回在一起谈论待人之道的事情。可译成以下：

子路说："别人以善意待我，我也以善意待他；别人以不善待我，我也以不善待他。"

（孔子评价：这是没有道德礼义的夷狄之间的做法。）

子贡说："别人用善意待我，我也用善意待他；别人用不善待我，我就引导他向善。"

（孔子评价：这是朋友之间应该有的做法。）

颜回说："别人以善意待我，我也用善意待他；别人用不善待我，我也以善意待他。"

（孔子评价：这是亲属之间应该有的做法。）

人性原本有善有恶，事实上也可善可恶。一般人偏向性善，"人之初，性本善"，自己抱持善意，期待对方善意的响应，多半能够心想事成。因为中国人是交互的，你对他好，他没有理由不对你好。同样的道理，一开始就认定对方缺乏诚意，对方十分敏感，一下子就看出来，当然不会诚恳地回应我们，这是十分自然的事情。表现自己的善意，使大家对我们产生比较良好而深刻的印象，才能进一步建立关系。

不仅自己向善，还要导人向善。朋友的美德，应该替他宣扬；朋友有缺点，要帮助他改正。闻过则喜是一种美德，可惜做得到的人委实太少，那我们应该怎么办？子曰："忠告而善道之，不可则止，无自辱焉。"意思说，当朋友有过错的时候，要忠诚地劝告他，要好好地开导他；如果他不接受的话，那就要停止，不要去自取其辱啊！

指出朋友的缺点或错误时，要先赞美他，然后批评他，最后再赞美他，这样他才乐于接受。也可以借用别人的话来批评对方，譬如，"有人说你相当不近人情，但是我的感觉完全不是这样"或者"我看你整天忙于工作，偏偏有人还在批评你偷懒……"，这样就可以弱化批评的语气。

想改掉朋友的坏毛病，最好以身作则，让其耳濡目染，慢慢自己调整。因为朋友之间是互相影响的，我们常常告诫别人，谨防交友不慎，就是因为不好的朋友会给我们带来不好的影响。我们把这种朋友斥之为狐朋狗友，而把那些能带给我们好的影响的朋友称为益友。我们要影响对方，必须先了解他的背景和立场，主动给予配合，才能让他乐意接受。尽可能发现彼此相似的地方，最好能找出他的优点，逐渐喜欢他、关心他。当这些反应传给他以后，他也会有所回馈。彼此都伸出友谊之手，产生交互作用。先承认他言之有理，让他了解我们并不是存心要改变他。然后晓以道理，使他觉得如果换一个角度看也有另外一番道理。当他身心放松的时候，趁机让他自己改变，通常比较容易收效。

表达善意要多替他人着想，站在他人的立场，别人才可能依据交互精神，同样站在我们的立场来合理地回应。大家都将心比心，交集的范围加大，彼此有共识，当然容易沟通而建立良好的人际关系。

想想自己，也想想别人，才能合理兼顾各方面的利益，合乎将心比心的原则。有一句话很通俗，"前半夜想自己，后半夜想别人"。不过有些人前半夜想自己，想着想着就睡着了，从来没有想过别人。

对待交情不同的人须亲疏有别

虽然与我们打交道的人众多，但我们却不会一视同仁。中华文化中形容交情的词有很多：点头之交、泛泛之交、患难之交、刎颈之交、莫逆之交、生死之交……这些词多以交情深浅而划分，这就告诉我们，对待交情不同的人应该采取亲疏有别、差别对待的形式。

对只是认识但并不熟悉的一般人，我们仅限于礼貌性地打招呼，谈不上什么信任不信任的问题。逐渐互有交往，增进彼此的了解，成为熟悉的朋友之后，虽然也交换一些意见，但多是闲聊，毕竟交浅不言深，不可能涉及不足为外人道的题材。熟悉的朋友当中，有一些信得过的，慢慢变成好友，再进一步成为密友，这才放心商量一些私人的问题。密友经得起再三的考验，切实可以交心的，才会变成知己。

比如《三国演义》中的刘备，虽然将关羽、张飞、赵云都视为兄弟，但他对三人的感情并不同：关羽、张飞是他的结拜兄弟，三人自桃园结义开始，便亲如一家，刘备所说的"妻子如衣服、兄弟如手足"指的也就是关羽、张飞二人。而赵云的地位则不同，关羽曾说："翼德吾弟也；……子龙久随吾兄，即吾弟也，位与吾相并，可也。"一句话点明了赵云的地位，不过是因为他战功卓著，加上忠心耿耿，所以从情分上视为兄弟而已。

其实每个人都如此，都会谨慎区分自己的知己、朋友、熟人，我们如此对待别人，别人也如此对待我们，这都无可厚非。所以，在人际交往中，我们还要掂量一下自己在别人心里是何分量。如果你和别人是知己，完全可以无话不谈，他有什么过错，你都可以委婉指出；如果你和别人只是熟人而已，则交浅不可言深，以免犯了别人的忌讳，埋下祸根。

要想交到知心的朋友，离不开感情的投入，即从对方的立场去考虑其想法，以了解其感受、要求和苦恼。这种感情投入是自发的，不应计较产出，你自然会得到许多朋友。如果你是为了获得回报才投入的，总是想着"我对你好，你一定得对我好"，那你肯定得不到他人的回馈。

人和人打交道不应该点到即止，如果你认识的人都只是泛泛之交，而无一个知心朋友，那又怎会有乐趣呢？我们认识别人，并不会只是抱着认识的目的，而是想通过交往熟悉起来，成为朋友。

人际关系中的舍得之道

人际关系的好坏对一个人事业的成就影响很大，我们每个人都希望能拥有一种良好、广阔的人际关系。而要建立一个良好、广阔的人际关系，必须运用"舍得之道"，有"舍"才有"得"！不"舍"就想"得"，这种人际关系是很难长久维持的。

为什么要先"舍"呢？人基本上都是以自我为中心的，任何事都先想到"我"，因此有时便会想：某人为什么不先对"我"打招呼？某人为什么请别人吃饭而不请"我"？某人为什么不寄生日礼物给"我"？某人为什么和"我"有距离？

你这样想，别人也是这样想，也就是说，每个人都把"得"放在心上，挂在眼前，如果双方都不愿意先"舍"，那么这份关系便不可能发展！

既然如此，你为何不主动出击，先去满足对方的"自我"，为双方关系的建立踏出第一步？

"主动出击"就是"舍"的第一步，也就是先"舍"掉你的矜持、身段，"舍"掉你的武装，向对方展露出一种和平的姿态。

接下来，你就要付出实际行动了。

普通的日常寒暄和打招呼看来没什么，但如果能在普通谈话中加入对他人的一种关心，那么这一人际关系便会慢慢发酵。当然，你的关心不可带有刺探的意味，否则会引起对方的警戒。借题发挥最好，例如从工作谈起，再扩展到家庭、休闲，慢慢地把对方的心窗打开！

光是这样还不够，因为这只能让你建立一份普通的人际关系，你必须再加入某些成分和粘合剂，把人际关系强固起来。

那具体该怎么做呢？其实很简单：为对方做些什么。

例如观察、了解对方的需要，不等对方开口，你就先替他做，他不只感谢，还会感到惊喜；例如你有机会出国或出差，从国外或外地带些特产和礼品，虽然礼小礼轻，但对方一定感动。

分享你的资源，包括物资的、精神的以及人际的。例如你可介绍你的朋友给他认识，把你种的花或你收藏的书送给他，反正只要对方没有而你有的，便可和他分享。

在必要的时候帮助他，这也包括精神及物质上的帮助，让他知道，你是和他站在一起的。

也许你会问：这么"舍"，就真的能"得"吗？当然不一定，人世间确有不领情的人。但话说回来，对这种人，不"舍"又怎可能"得"！

不过，"一样米饲百样人"，你不必去期待对方是否有善意的回应。"舍"是种子，"得"则是收成，有些种子发芽得早，有些则发芽得晚，但总是会发芽、会有收成的。

总而言之，要建立自己的人际关系网络，不能坐着等别人自己"送上门来"，长期如此，最后连"门"都没有！

"自抬身价"时的注意事项

一般情况下，"自抬身价"是对人的一种批评，他们为了达到某种目的而故意自夸自大，增加自己的分量，因而让人反感。但在竞争如此激烈、人人都想出人头地的现代社会，"自抬身价"可以成为人们借鉴的一种生存手段。因为其他人也许没有时间来评价你、掂量你，或者对你估量不足，在这种情况下，你只好自我推销，甚至有时适度抬高一下自己。

其实，在现实生活中，"自抬身价"的行为随处可见。例如，有些影星提高片酬，主持人提高主持费，演讲者提高出场费，乃至于公司的同事要求老板加薪等，这些都是"自抬身价"的行为。当然，其中有些人确实名副其实，与他们所称的身价相当，但有些人则是夸大其词。可是，只要他们敢自抬身价，多半能够如己所愿。事实上，能不能够立刻如其所愿这并不重要，重要的是，经过此次抬高身价，你可以为自己定下一个基准，好比为商品标价一般，这有"昭示众人"的意思，以便下回"顾客"上门时，能按新的价格"成交"！

在现代职业生涯中，人也成为了一种"商品"，每个人的身价都不同，有的人年薪五万，有的人可能年薪数十万甚至上百万。在一定条件下，商人们也会根据市场情况适当调整商品的价格，有些顾客就是那么奇怪，商品低价时他们偏偏不买，等价格提高了，非得抢着买，并且称赞质量好，其实东西完全一样。人也是如此，身价太低，别人看不起，把身价提高了，反而觉得你真了不起，是个大人才！所以在有些情况下，你可以适当自抬一下身价。

"自抬身价"有两种情形，一种是自己本身确有价值，而别人评价不足。这种情形下，你更应该自抬，不能固守传统的"谦虚为上"的美德，否则别人会认为你根本没有那才能。当然，你不一定非得把自己抬得很高，但至少要和你的才能等值。第二种情形是，你本来只有六分的才能，却抬出了八分的身价。例如你本来只是个中专毕业，却跟人家说自己大学毕业，或者你目前年薪只有两万，却对他人声称有四万，别人也会高估你的价值。

不过，自抬身价时要注意以下几点：

1. 要适度

所谓适度是指不要抬得超过你的能力，如一位小职员，明明一年只拿两万元的薪水，却说自己一年拿六万元，这已是主管级的待遇。看看他的专长、年龄和能力，别人会发现这"身价"根本是吹嘘的，若真的如此，你自抬身价反而成为你的负债。另外，如果"抬"得太厉害，别人也信以为真，高价"买"下了你，后来还是会发现你是个"劣品"，如果这样，你的自抬身价会使你"破产"！

2. 要参考行情

低于行情有"低价倾销"的意思，别人会把你当成"廉价品"，不会重用珍惜。如果你能力也够，可把身价抬得高出行情一点。但如果高出行情太多，除非你是个天才，能很快提高自己，而且也有业绩作后盾，否则会被当成疯子。

3. 要把握时机

如果你有事没事都在谈你的"身价"，就会变成吹嘘，反而没人相信了。因此要在适当的时候去抬，例如有人问的时候，大家讨论到的时候，有人准备"买"的时候。

不管你从事的是哪一种行业，担任什么职务，不必过于谦虚客气，适度地自抬身价吧，就算被人笑，也比自贬身价要好。而且只要"抬"成功，你会从中受益。你以后的身价只会上升，不会往下掉，除非你不自爱而自毁自灭。

自抬身价还有一个另外的好处——肯定自己，并成为敦促自己不断进步的动力，因为身价抬上去了，你就应该使自己各方面都跟上去，否则你的身价就保不住了。

妄下结论可能会带来恶果

第一印象确实很重要，但也会隐藏着一些错误的信息。与人交往时，要注意在没有清楚事实之前，造成不要妄下结论。

每个人都是一个独特的个体，除非你看过别人在各种不同的情况下所表现出来的模样，否则你就无法知道别人真正的模样。由于错觉总是首先来到，真相便难容身。不要让第一个出现在你面前的目标塞满你的意志，也不要让第一个想法占据你的脑子，这样的你并不成熟。有些人像新买的酒杯，会沾满最先入杯的酒味，而不管这酒是好是坏。当他人得知你这种局限后，就会进行恶意的策划。那些心怀叵测的人会把你容易轻信的事染成任何一种他们喜欢的颜色。我们总应该拿出时间来对事物再三考虑。

轻易被人打动，这与感情用事相差无几。

如果我们对一个人了解不多，却还要妄下结论的话，那么这个结论就很有可能会出错。举个例子：

甲告诉别人乙是个自私的人。别人问甲如何得知，甲却回答说："喔！我要他帮我做一下统计报表，可是他觉得上网球课对他更重要。"乙选择自己要做的事情时，有时候的确会很任性，不过并非一直都是如此。事实上，大部分的时候，乙不仅不自私，还是个慷慨而随和的人。甲误以为自己已经了解了乙，然而事实却正好相反。

有时候，一个人会视情况或对方是什么样的人来决定自己的行为。

A在父母和兄姊面前，常常把自己拉回到小孩时期的模样，举手投足间仍不脱稚气。实际上在其他情况下，她是个相当成熟的人。平常的时候，B 是个随和而有幽默感的人，可是在 C 面前，B 就变成一个爱嘲讽别人、心眼很坏，而且还爱挑刺的家伙。B 知道，就是 C 把自己坏的一面给带了出来，可是 C 却误以为 B 一直都是个令人厌恶的家伙。

如果你真要对别人下个正确的结论，那么你就要在各种各样不同的情况下，一一观察别人会表现出什么样的行为。在认定别人是个自私或害羞的人之前，你一定要先问问自己：别人到底有多自私或多害羞；别人到底是在什么样的情况下，对什么样的人自私或害羞。你必须先问问自己：有时候，他不像是个自私的家伙；有时候，他是不是一点儿也不害羞。为此，你必须根据现实情况了解别人。你在没有清楚事实之前，千万不要对别人妄下结论，因为这样可能让你错过一个朋友。

和为贵，合则全

世上的万事万物有其本来面目和自然之理。鱼儿必定成群游荡，大雁飞行必定成队成行……这就是事物的道理。

自然的法则就是这样，"和为贵，合则全"。何况人与人之间呢？圣贤的思想就是依据这些原则形成的，人与人的合作也是因为这些原则而建立起一种互相依存的关系。

然而，人们在相互交往时常常走向它的反面。关系闹翻，翻脸不和时，合作的关系便破坏了，彼此都把对方视为仇敌，并把对方说得一无是处。

天下纷争大乱，和为贵的想法丢了，合则全的做法就成了累赘。强者称雄，各拉一班人马，各立一种旗号，道德标准不统一，是非曲直各执一端，各家学派也都以一孔之见沾沾自喜，并抨击对方。殊不知，一孔之见如果可取，结合起来便是众人乾坤大。

比方说，耳能听，眼能看，口能吃，鼻能闻，肤能感，手能做，脚能行，都有各自独具的功能，不能彼此废弃，也不可相互代替。虽然如此，但都只是一技之长，不能全面。

人与人闹翻，否定他人，必然会造成"独木不成林"的局面，必须尽快另找伙伴。强者称雄，天下纷争，社会的和谐平衡打破了，强者就是在削弱自己，可能鹬蚌相争渔翁得利。

所以，了解和为贵、合则全的人，争而不离，争而和合。因而强者更强，不打不相识，事业更繁荣。

不争不吵，不斗不鸣，本来不可。唇与齿也有互相冒犯的时候。争而和，争而合，事业便发达，事情本来如此。所谓"和气生财""和为贵"，商场上很忌讳结成仇敌，长期对抗。商场上很容易为了各自的利益争执不下，甚至争斗不休。或者因为一笔生意受到伤害，从而耿耿于怀。但是，无论如何，都没有反目成仇、结成死敌的必要。

一位商界老手说过："商场上没有永远的敌人，只有永远的朋友。"今天可能因为利益分配不均而争吵，或者为争一笔生意搞得两败俱伤；然而，说不定明天携手，有可能共占市场，互相得利。

所以，有经验有涵养的老板总是在谈判时面带微笑，永远摆出一副坦诚的样子，即使谈判没能成功，还是把手伸向对方，握住对方的手笑着说："但愿下次合作愉快！"

这是因为，在商场上树敌太多是经营的大忌，尤其是当仇家联合起来对付你，或在暗中算计你时，你纵有三头六臂，也难以应付。况且，做生意的主要精力应用于如何开拓市场，如何调动资金，如何做广告宣传等方面，如果老是用在对付别人的暗算与报复，难免会顾此失彼。

中国有句俗语："买卖不成仁义在。"商人一般都较圆通，这也是多年在商海中积累的经验所得。

人与人之间，或许有不共戴天之仇，但在办公室里，这种仇恨一般不至于达到那种地步。毕竟是同事，共事于同一家公司，只要矛盾没有发展到"你死我活"的境况，都是可以化解的。记住：敌意是一点一点增加的，但也可以一点一点去除。"冤仇宜解不宜结"，同在一家公司谋生，低头不见抬头见，还是少结"冤家"比较有利于自己。不过，化解敌意也需要技巧。

与你关系最密切的同事，在心里原来对你十分不满。他不但对你冷漠得吓人，有时甚至你主动对他打招呼，他也不理你。有些关心你的同事，会私下探问：为什么你的好友对你如此不满？当你面临这种人际关系的困境时，你就要努力给人留下一个良好的印象了，不要做"小人"，所谓"少一个敌人等于多一个朋友"，开开心心地去履行职责，与同事保持良好关系，才是上策。

在内心接纳自己

要想和别人搞好关系，首先要同自己搞好关系，接纳自己。只有接纳自己的人，才能使自己的身心得到充分的发展，因而获得和谐的人际关系。你跟自己相处不好，就不会有人跟你相处得好；你跟自己相处得好，别人才会跟你相处得好。所以人要首先了解自己，跟自己相处好，而不是只看到别人。每当面对着镜子的时候，问问自己究竟喜不喜欢镜子中的人。一个不喜欢自己的人，大概很少有人会喜欢你。可事实上就是有大部分人不喜欢自己，总觉得自己这儿不好，那儿也不好。

当你接纳了自己，你就会发现，所有人慢慢地都开始接纳你了。

憎恶自己的人，必然也憎恶别人。不能接纳自己的人，在情绪上常常显得很不稳定，不是有意表现优越，便是相当自卑。这种内心的摩擦，使得不能接受自己的人，同样也会憎恶他人。

如果发现自己的人际关系并不好，不妨反省一下自己和自己的关系如何。先调整自我关系，然后改善人际关系，这才是有效的途径。

人具有相当程度的自主性，这是人类和其他动物最主要的差异。既然能够自主，一切由自己决定，当然要由自己承担所有的责任。

换句话说，一切的言行，事实上都要先通过"自己"这一关。自己认可的，才说得出来；自己认同的，才做得出来。所有接触的对象，也由自己来决定。人，最先也最多接触的，应该就是自己。

接受自己必须在合理的范围内，过分地爱自己，有时会成为可怕的自恋狂。自恋狂最大的特征是，完全以自我为中心。这种人不但不能欣赏别人的优点，而且从来不怀疑自己很可能具有某些缺点，以致自认为十分可爱。我们最好冷静下来，客观地反省自己究竟有哪些优点，又有哪些缺点。发现自己有缺点，只要实实在在努力去改善就可以了，不必过分憎恶甚至嫌恶自己，造成自我否定，反而容易成为坏人。

善于发现自己的缺点，就能够把它变成优点。接受自己有某些缺点的事实，尽量不要让它发展，进而将它转变为自己的优点，才是最好的办法。贝多芬后来失聪，照样谱写传世名曲。人都不是完人，有缺点是必然现象，人没必要变成完人。对于自己的缺点，固然不可忽视，却也不必紧张。因为紧张无济于事，并不能解决问题。

把缺点变成优点，听起来有一些奇怪，怎么会这样？其实任何言行，配合时空的变迁，调整到合理的地步，便是优点。离开了具体的时空，本来就没有什么优劣可言。

尽量减少缺点增加优点，并不意味着让所有人都说你好，想得到所有人的赞美本身就是贪心的想法。大家都说好，未必真的好；大家都说坏，也未必真的坏。特别是多元化社会，同样一件事，有一个人说好，就可能有五个人说坏。我们不能够单凭人家的论断来判定这件事情的好坏，却应该看看赞成的是哪些人，反对的又是哪些人，然后再谨慎地进一步判断。

不要太在乎别人的批评，听到有人说自己的坏话，要看看说的人是谁。希望每一个人都说自己好的人，往往过分害怕得罪人。

因此，听到不同的声音，要先明辨是非，因为不同的人立场通常不一致。凭良心，不讨好，也不刻意为了凸显自己的好而得罪小人，这才是上策。

以务实为修身之本

我们从小就被教育"做人要实实在在，做事要规规矩矩"，这是一个人安身立命的基本原则。虽然我们处世追求圆通，但始终以务实为修身之本。中华文化一直强调"君子务实"，务实的具体表现为，做人重诚信，不伤害其他人，并且以诚恳的态度对待别人。

知错能改，善莫大焉，一个人能认识自己的过错，进而改变自己的行为，正是务实的实践，而务实也是处理人家关系的最佳方法之一。

从古至今，获得成功的人不外乎两个途径：一是正道，一是偏锋。以务实的方式来建立人际关系，属于正道；用欺诈的方式来建立人际关系，即为偏锋。循正道成功，才是实至名归。因偏锋而成功，不过是欺世盗名，并无多大价值，徒然惹人背后耻笑。中国人厌恶权术而欣赏艺术，便是由于艺术才是务实、务本的方式与技巧。

成功离不开实实在在做人、规规矩矩做事，但只是实实在在做人、规规矩矩做事并不一定能成功，这只是基础工程。就像打地基一样，地基稳，才能在上面建造高楼大厦，但地基并不等于高楼大厦。所以务实只是本分，守本分之外，需要进一步持经达变，培养自己的随机应变能力。

如何培养自己的随机应变能力？最好是多看、多听，先了解环境，再适应环境，然后才动脑筋改造环境，最后才有能力合理地创造环境。多看、多听、多问，并不一定只限于正面的、好的东西，对于那些负面的、不好的东西也要了解一下，这样有助于防患于未然。记住，此处只是教你多看、多听、多问，但要少说，正所谓言多必失。贸然说出一些话来，固然痛快，却也很快就要承受某些痛苦。但少说并不意味着不说，否则就是矫枉过正。当你看准了、想明白了再说话，才会言必有中，每一句话都合理，这样比较妥当，也会受欢迎。胡言乱语，不但让别人看不起，而且降低了自己的信用。

在不忘本的情况下权宜应变，才不致乱变。人际关系是不进则退的，就好像一株幼苗，需要时时浇灌才会茁壮成长，否则的话就会枯死。如果不能随时注意调整，久而久之，人际关系只会转坏而不可能转好。培养自己的应变能力，因时、因地而制宜，才会增进与别人的良好人际关系。

务实的同时必须适当地调整，使根本稳固。因为所有的事物都是时时刻刻在变化的，必须富于改善意识，运用精锐的眼光，发挥自己的智慧，不断寻求改善。我们常说随机应变，就是说，任何事情都需要因人、因地、因事、因时而制宜，不可一成不变，"不可乱变"，不可为了求新求变而忘本。有所变还要有所不变，变来变去都能够务实，才是以不变应万变。

人际关系的建立还有赖于自己长期培养的声望。同样一句话，声望不够的人说出来，便是人微言轻，很少有人加以理会；换一位有声望的人说出来，马上显得有分量。

培养声望相当困难，不是一朝一夕所能达成的。培养自己的沟通力，是比较可行的途径。人际关系有许多地方离不开沟通，良好的沟通力，正是建立和谐人际关系的主要方法。沟通能力强，就是说话说得让对方听得进去，让对方乐于接受，能够引起对方的共鸣，进而引发共同的行为。

沟通力良好，才能在和谐的气氛中自行协调。这时候更需要重视人伦的道理，使大家觉得这种尊重他人的态度，值得敬重，也能够给予相当的信任，久而久之，声望就建立起来了。这是急不得的，必须经过时间的考验。在中国社会，遇到争执的时候，经常会请几位德高望重之人出面调停。难道德高望重之人就一定公平吗？未必，但是大家对他们有信心，知道他们一定会公正，所以将其视为沟通的桥梁。不管他们的评判有没有道理，对立双方都比较方便下台阶。

第四章

说话心理学

说话得体是一种技能

说话得体是一种技能。在生活中，有的人缺少"嘴"上功夫，与人交谈话不容易投机，以致很难在社会上行走；有的人则深谙说话之术，能得体地运用语言准确地传递信息、传情达意，从而在社会中左右逢源、如鱼得水。

说话得体的人，可以带给人们愉悦和欢畅，帮助人们增长知识、提高修养，激发人们的想象力和创造力，增进人们之间感情的融洽与和谐。

综观古今中外，凡是有所作为的人，都说话得体。说话得体是他们必备的修养之一。他们凭借良好的口才，取得了成功，赢得了人们的尊敬。

说话不得体，自己的前程或多或少都会受到影响。

西汉时期，一次，汉高祖刘邦与韩信谈论诸将才能高低。刘邦问："你看我能指挥多少兵？"韩信回答："十万。"刘邦又问："你能指挥多少兵呢？"韩信傲气十足地说："对于臣来说，多多益善！"刘邦听了，虽一时不语，但心里却对韩信产生了忌妒。不久，韩信因"谋反罪"被诛。

在封建社会，皇帝是至高无上的，为人臣子，最忌讳言语骄傲放纵，冒犯龙颜。韩信不谙言谈之道，在皇帝面前骄纵，触犯了皇帝的尊严，种下祸端，以致身死族灭。以上案例中，韩信的死，究其原因，是韩信不会得体说话惹下的祸。

无论是谁，如果善于运用语言，朋友就会遍天下，做事就会游刃有余；如果不善于运用语言，就会在交际中处处受阻，事业也很难成功。

某人乘火车去旅行，与座位对面的乘客一路无话。他很想将这种沉闷的气氛打破，将面前的这个陌生人变为熟悉人。俗语说："人靠衣裳马靠鞍"，于是他决定从衣着入手，以谈论衣着开启话题。他看到对方穿着一身陈旧的西装，便搭讪道："先生，你这套西装不错，是别人送你的吧？"对方看了看他，不悦地说："什么？你以为我是乞丐呢！我才没有你那样吝啬呢！"这人看到对方不悦的样子，一时语塞，两个人一路再也没有说过一句话。

每个人都爱听得体话，"逢人减岁，遇物加钱"，说的就是说话的诀窍。案例中的那个人之所以让人反感，是因为他说话不得体，故而引起对方的不快。

有这样一个故事：

有一个人在银行排队取款时，看到前面有一位驼背弯腰的老先生满面愁苦，这人暗想：我要让他开朗起来。当老先生办完事情走到这人面前时，这人说道："先生！你应该挺胸抬头，振作起精神来，这才是个顶天立地的男人！"老先生一向以自己身体畸形感到自卑，听到这人不得体的安慰，顿时不高兴起来，说了声："你管得着吗？我愿意这样！"说完便径自走了。这人虽然是一番好意，因为说话不得体却惹人扫兴，碰了一鼻子灰。

一个言谈不得体的人，会在社会上寸步难行。生活中，有许多人说话不得体，不懂得根据场合随机应变，因此常常弄巧成拙。

有一次，法国作家大仲马到全国最大的书店了解售书情况。书店老板得知后，灵机一动，决定为这个举世闻名的大作家做件高兴的事。于是，他把书架上所有的书都撤走，全部摆上大仲马的著作。大仲马走进书店，见只有自己的书，觉得奇怪，便问："别的书在哪里？"老板说："别的书我们已经卖完了。"大仲马听了这话，十分不高兴，再没问第二句，便转身走了。

这个故事诙谐风趣，书店老板本想在大仲马面前说一番讨好他的赞美话，可是他不注意说话方式，不懂随机应变，以至于弄巧成拙，成为笑柄。

说话得体能使人诚服

与人相处，如果我们言谈得体，就会让对方感到如沐春风。俗话说："看人说话。"如果领会这句话的要义，我们为人处世就会得心应手。

三国时期，诸葛亮的哥哥诸葛瑾在吴主孙权门下谋事。他的儿子诸葛恪，不仅仅自幼聪明，还拥有良好的口才。有一次，孙权见到诸葛恪时，问他："你认为你父亲与叔叔比较，哪个更有才能?"

"我父亲比我叔叔更有才能!"诸葛恪以坚定的口吻说道。

诸葛亮是智慧的化身，他的才智深得天下人的赞许和认可。因此，孙权问诸葛恪："你为什么要这样说?"

诸葛恪回答："我父亲知道自己该侍奉哪位君王，我叔叔却不知道。"

孙权听后，高兴地笑了，从此对他们父子愈加看重，并委以重任。诸葛恪一番得体话，取悦了孙权，也为他带来了好的前程。

说话得体，对我们的生活、事业乃至闲暇娱乐都起着重要的作用。与人相处，要根据对方的文化修养、性格、心理需求、所处背景、语言习惯、职业特点、经历等因素说合适的话，才能受到他人的欢迎。

明太祖朱元璋称帝后，一改称帝前那种爱护百姓、礼贤下士的作风，变得性情暴躁、昏庸无道，大批功臣宿将都遭到他的屠杀。

但皇太子朱标却很仁慈，心里很不赞成父皇乱杀人的行为。

有一天，朱元璋让御史袁凯送案卷给太子朱标。太子接过案卷，见父皇又要杀许多人，心中很难过。于是，他叹了口气，只在案卷上写了几句话就交给袁凯呈父皇。

朱元璋见太子在案卷上写着几个字：

"父皇陛下！依儿臣之见，以仁德结民心，以重刑失民心。望父皇三思。"

朱元璋看后脸色一沉。他突然问袁凯："朕要杀人，太子要从宽，你说谁对？"

袁凯本来已经被吓得心惊胆战，听到皇上发问，他急得冷汗直冒。如何回答呢？一个是皇帝，一个是太子，怎敢说谁不对呢？

这袁御史博学多才，聪明过人，眼珠一转，赶忙跪下答道："以微臣愚见，陛下要杀，乃是执法；太子要赦，乃是慈心，都有道理。"

这一答，既讨好了皇太子朱标，又让朱元璋称好。

袁凯得体的言辞，既为自己解了围，又使朱元璋父子都有了面子，充分考虑了朱元璋父子的心理境况。

可见，说话得体是博人欢心的有效利器，更能使别人诚服。

说话得体可化险为夷

一个说话得体的人，不仅要有随机应变的能力，更主要的是必须具备化解问题和矛盾的能力。即使面对坏人，也能机智灵活地和他沟通，进而化险为夷。

一天晚上，一位女士刚到家门口，一把锃亮的菜刀横在了她面前。她吓得出了一身冷汗，意识到自己碰上了歹徒。

在这十分危急的时刻，女士忽然灵机一动，若无其事地转过身，微笑着对歹徒说："朋友，你真会开玩笑！瞧你这身打扮，一定是来推销菜刀的吧？我看你这菜刀闪闪发光，一定很锋利吧，我想买一把……"女士一边说话，一边让那人进屋。

接着，女士又说道："我第一眼瞅见你就很面熟，好像在哪里见过你。噢！想起来了，你长得很像我一位朋友的丈夫。我看到你就仿佛看到了他。来！快进屋喝杯水！"

听了女士的话，本来满脸杀气的歹徒逐渐有些不知所措了。

歹徒进屋后，女士既让座，又倒水，忙得团团转。这时，歹徒有些惭愧了，他吞吞吐吐地说："谢谢，我要走了。"

"着什么急呢？我知道你们做推销的很不容易，整天在外面风餐露宿。哎？现在干什么都难！"女士同情地说道。

最终，女士真的买下了那把菜刀，还多给了歹徒一些钱。歹徒拿着钱迟疑了，女士接着说："没什么，天色已经晚了，这些钱就作你的路费吧！"

听完女士的话，歹徒感动得热泪盈眶，他临走的时候连声说道："大姐，谢谢你，你是改变我一生的人！"

一场惊险就这样过去了，女士机智灵巧的话，既挽救了自己的生命，又拯救了歹徒的灵魂，使他感受到了人间真情，改变了他一生的命运。

将陌生人变成熟悉的人

人常说："万事开头难。"两个萍水相逢之人，可能会因找不到合适的话题而苦恼，但只要说话心理学，只言片语就可使两人一见如故。

如何交谈，才能将一个陌生人变成熟悉的人呢？

（1）事先了解，临场发挥

一般来说，对任何一个素不相识者，只要事前做一番认真的调查研究，都可以找到或明或隐、或近或远的亲友关系。当你在见面时及时拉上这层关系，就能够缩短心理距离，使对方产生亲切感。

1984年5月，美国总统里根访问上海复旦大学。他在访问前调查了解到该校的校长与自己的夫人是校友。当面对一百多位初次见面的复旦学生时，里根的开场白就紧紧抓住这一层关系："其实，我和你们学校有着密切的关系。你们的谢希德校长同我的夫人南希，是美国史密斯学院的校友。照此看来，我和各位自然也就都是朋友了！"

此话一出，全场掌声雷雷。短短的两句话就使一百多位中国大学生把这位"洋总统"当作了十分亲近的朋友。接下来的交谈非常热烈，气氛也十分融洽。

(2) 扬长避短，打开话匣子

人都有长处，也有短处。人们希望别人多谈自己的长处，不谈自己的短处，这是人之常情。

跟初识者交谈，如果以直接或间接赞扬对方的长处作为开场白，就能使对方高兴，对你产生好感，交谈的积极性也就能激发。反之，如果有意或无意地触及对方的短处，使对方的自尊心受到伤害，对方就会感到扫兴，觉得"话不投机半句多"。

日本作家多湖辉所著的《语言心理战》一书中记叙了这样一件趣事。被誉为"销售权威"的霍依拉先生的交际诀窍是，初次交谈一定要扬人之长、避人之短。

有一回，为了替报社拉广告，他拜访梅伊百货公司总经理。因为他知道这位总经理会开飞机，所以寒暄之后，霍依拉突然发问："您是在哪儿学会开飞机的？总经理能开飞机可真不简单啊！"

话音刚落，总经理兴奋异常，谈兴勃发，广告之事当然不在话下。霍依拉还被总经理热情地邀请去乘坐他的自备飞机呢！

（3）表达友情，产生内心共鸣

将你对对方的友好情意用三言两语恰到好处地表达出来，或肯定其成绩，或赞扬其品德，或欢迎其光临，或同情其处境，或安慰其不幸，都会顷刻间滋润他的心田，让他心动，对你产生一见如故、得遇知己之感。

（4）设计好告别语

能给对方留下深刻印象的告别语，会使对方感到意犹未尽，期待下一次的交谈。如：

"祝您成功，恭候佳音！"良好的祝愿会使对方受到鼓舞。

"今天有幸结识您，愿从此常来常往！"热情洋溢的语言会使对方受到感染。

"听君一席话，胜读十年书。"赞扬的语言令对方获得充分的肯定。

"送君千里，终有一别，谢谢您的盛情款待。"感谢的语言令对方感到温暖。

"如果什么时候路过这里，请到我家做客，再见！"邀请式的结束语使人感受到尊重，同时为以后的交往埋下了伏笔。

"您觉得我还有哪些地方需要改进？您能给我一些意见吗？"征询式的结束语令对方备感亲切。让你瞬间就能博取对方的好感。

（5）真诚地赞美

王峰坐火车回家，对面坐了一位漂亮的女生，可是这位女生待人特别冷淡，对谁都爱理不理的。车行七八个小时，他们之间的对话也不过十来句。此时正值半夜，王峰正打算睡觉，一下子瞥见了她手上戴了一只别致的手镯，就顺口说了句："你的手镯很少见，非常别致。市面上好像都看不到。"没想到她因此而兴奋不已，女生开始向王峰介绍这只镯子的来历。然后，她又给王峰讲她外婆的故事、她爸妈的故事，等到天亮火车到站的时候，他们已经算是很好的朋友了。

赞美是一种重要的交际手段，它能在瞬间拉近人与人之间的感情。任何人都希望被赞美。威廉·詹姆斯就说过："人性深处最大的欲望，莫过于受到外界的认可与赞扬。"赞美还可以激励人们不断进步，激发人们的上进心。在人际交往中，我们一定不要吝于赞美别人。

一位工程师与客户共同商量建造新办公室的计划。这位工程师不停地在笔记本上记着，有时干脆撕下一张纸在上面画出草图，对原方案提出修改意见。讨论结束后，客户感谢他抽出了宝贵时间并付出了巨大的努力。"另外，"她看着工程师手中的笔记本补充道，"你的字写得很漂亮。"

工程师不好意思地回答："哎，过奖了，是我的笔好用。"

客户笑着说："可我用的是同样的笔，却从来写不出这么好的字！"

在赞扬的过程中，双方的感情和友谊会在不知不觉中得到增进，而且会调动其交往合作的积极性。有位年轻导演，在重拍镜头时，总先称赞所有的工作人员："嗯，好极了，现在我们来个稍微夸张一点的表情。"经他这么一说，没有人会表示反对，自然地就接受了导演的指示。

因此，赞美他人，会让他人产生接纳的态度。赞美是博取好感和维系好感最有效的方法，它还是促进人继续努力的最强烈的兴奋剂，这是由人性的本能所决定的。

说话停顿易激起他人的窥探欲

欲说还休，最能激发人们内心的窥探欲望，真正的演讲家，并没有变表现得口若悬河，而是能够利用这短暂的停顿来抓住听众的心，这就是停顿的魅力。

美国总统林肯在说话的时候就喜欢停顿，特别是在他说到一个要点时，总能够在人们的脑海中留下很深刻的印象。在他的一生中，有着很多神秘而富有传奇色彩的故事，其中就有他和著名的法官道格拉斯的一场辩论赛。

这场辩论赛不管从什么角度说，林肯都没有获胜的可能性，他对此也感到深深的失望和悲痛。在他最后一次登上辩论赛台的时候，在演讲中，他突然停顿了下来，就那样在台上站了一分钟，他静静地看着台下的观众，用他那忧郁悲伤的眼神，深情地望着他们，似乎眼眶中饱含了令人心动的泪水。只见他双手紧握，默默地垂在身前，好像一名有心无力的战士，徒留沮丧。

随后他用自己独特的声音说道："朋友们，我和道格拉斯法官不管是谁被选进美国参议院，这已经不重要了，对我来说一点关系也没有；最为重要的是我现在所提出的问题，它比任何人的前途和利益都重要，所以朋友们，"说到这里，林肯又停顿了下来，台下的观众也都在屏气凝神地听着，害怕错过任何一个字，"就算我和道格拉斯已经人在坟墓，我们的舌头已经不能像今天这样述说，这个问题仍然在人们的心中存在着、燃烧着。"

后来，帮他写传记的一位作者说道："这些话看似简单，可是却永远留在了人们的心里，包括他当时的一举一动、一言一行。"

当你需要转换语言节奏、提出中心论点的时候，就可以停顿下来，一来可以给人们一个喘息的空间，二来就算是人们在神游中，也能将其拉回来。但是停顿的时间不要超过一分钟，否则你的停顿可能会变成催眠曲。

另外，如果你在演讲或者谈话的过程中，迫切地想要表达出内心的情感，讲话就必须进行抑扬顿挫的转变。

所以说，停顿不单是指话语上的中断，它也是一种心灵上无声的表达，它需要配合一些手势来完成，比如说：低头默默沉思；两手握拳，表达自己的激动；时不时叹息一声；紧皱眉头，表达出自己的痛苦；抬起头看看天空等。

恰到好处地赞美

"十句好话能成事，一句坏话事不成"，赞美的话每个人都爱听，这是人们共同的心理。但赞美也要注意分寸，恰到好处的赞美会让对方精神愉悦，赢得对方的信任与好感。

恰到好处地赞美要注意四个方面：

（1）注意场合

当对方愿意听、喜欢听的时候，你赞美他，对方会很高兴。

（2）注意尺度

不要过分，过分的赞美会令人感到虚假。

（3）要有根据

要真正发自内心，赞美的内容很多，从容貌、体态、个性、人品、能力、兴趣爱好等，特别是即席所感觉到的。

（4）分清对象，区别对待

如果你面对一个西方人，对方年纪再大。说她年轻、漂亮甚至性感，她都会很高兴；但面对东方人，哪怕是一个中年妇女，她听了也会认为是在挖苦她。

当然，在日常商务活动中，赞美别人应该是一个职业人的基本素质。比如，一位精明能干的售货员不仅要识货，还得识人，稍一接触，就能摸出顾客的心思。在卖时装时，如果顾客身材瘦小，但售货员在取衣服时有意取大一号的，而当顾客说太大时，售货员故意装出惊讶的样子表示："真的吗？我可一点儿都看不出呀！"无形中就掩饰了对方的弱点而使别人心里感到满足。像这种不露痕迹的赞美，虽然有奉承之嫌，但顾客听了会觉得舒服，的确是一种高明的赞美方式。

其实每个人的内心都渴望"评价"，渴望别人的理解。但要做到不经意的赞美并不容易。首先要能看透对方的心思，发掘对方的心理需要，让他觉得你很了解他，你的话是发自内心的，与奉承话完全不同。

例如一个美容师面对一个头发自然卷曲的顾客说："你的头发是天生的自然卷，不用烫就有波浪，真令人羡慕。"顾客原本对自己的一头乱发很苦恼，听了美容师的话心里挺高兴。会觉得这位美容师善解人意，从而成为固定的客人。

报社编辑想让作者如期交稿，可以赞美作者："依你的写作速度，一个礼拜足够了。"一方面是鼓励，一方面是赞美，足可以使作者听后有一种不负众望的心理而如期交稿。

又如同事之间可以互相赞美："上面的人都很欣赏你的能力。"被赞美的人自然希望自己的才干受到重视，你的鼓励可以使其全力发挥才干。身为领导的人应该明白下属卖力工作，并不一定都是为了往上爬，而是希望自己的能力得到别人的承认。因而适当地给予鼓励，使他知道自己的能力已被重视，那么不管你夸奖的程度如何，他都会很高兴，更卖力地工作。

用赞美激励对方

很少有人能认识到在日常工作和生活中，我们是多么需要他人的赞赏和鼓励，因为在此当中，我们不仅能够感受到乐趣和温馨，同时也能增添自信。

一个天资并不聪慧的孩子在上高三那年，母亲告诉他："你6岁时有位算命先生为你看过相，说你是有福气的人，将来肯定不凡。"他告诉母亲那是迷信，不过骗钱罢了。但当母亲时是用非常殷切的语气说："你一定会飞起来的!"这句话后来一直在他心中打盘旋，模拟考试考砸了的时候，他急得吃不下饭，此时他又想起了母亲的话，"你一定会飞起来的!"后来他以全县文科状元的成绩考入了北京读书。如今飞黄腾达的他还是不太明白母亲的用心，但却悟出：就是母亲的那句赞美的话让他坚定自己的信念，并为之而努力的。

一位教育家说过："我们若不断地赞扬年轻人，他们必会产生自信，此时，我们便予以严格督促。这样，他们仍会对自己的能力深具信心，因而能够摆脱低落的情绪，接受更进一步的指导。"

狄更斯年轻时潦倒不堪，稿件不断被退回。一次，一名出版社编辑承认了他的价值，写信赞扬了他。这个赞扬改变了狄更斯的一生，从此世界上多了一个伟大的文学家。

生活中，我们需要经常称赞别人的优点。真诚的赞美，于人于己都有重要意义。对别人来说，他的优点和长处，因你的赞美显得更加光彩；对自己来说，表明了你已被别人的优点和长处所吸引。这有可能是进步的开端。

幽默可以化解尴尬

尴尬是在生活中遇到处境窘困、不易处理的场面而使人张口结舌、面红耳赤的一种心理紧张状态。在这种时候，人的感觉比受到公开的批评还使人难受，引起面孔充血、心跳加快、讲话结巴等。

有时是对方有意依仗亲密的关系公开揭你的短，或讲述你过去的傻事。有时是对方无意地，不知不觉中说出了你的隐痛之处。而你如果真的动气，别人还会说你没有涵养，可见，尴尬是人们在生活中不愿碰到且不能不碰到的，问题在于怎样应付。受到讥讽之后，千万不要把时间花在思考对方抱有什么目的跟你过不去上面，更不能假设有什么"深仇大恨"。要学会自我解嘲。因为有意者可能是习惯，对谁都这样；无意者更不能激化矛盾。让心情放松，自己把这种耍笑转移给大家。如，有人说"不愧是属猪的，真能吃"，不妨接上一句"所以咱们才能聚到一起呀"。

有一次，大文豪萧伯纳遇到一位胖得像酒桶似的牧师，他挖苦萧伯纳："外国人看你这样干瘦，一定认为英国人都在饿肚皮。"萧伯纳谦和地说："外国人看到你这位英国人，一定可以找到饥饿的根源。"

要用幽默来保护自己。幽默感是避免人际冲突、缓解紧张的灵丹妙药，不会造成任何损失，不会伤及任何人。如果活动中出现尴尬局面，幽默更是使双方摆脱窘迫的好办法。如：两个班级联欢，男女舞伴第一次跳舞，由于一方的水平低发生了踩脚的情况，说"没关系"，这样礼貌的话可能还会加重对方的紧张，如果用一句

"地球真小，我俩的脚只能找一个落点了"，可使双方欢笑而心理放松。

直爽之人的禁忌

说话直爽，常被人们当作一种优点。但在生活中，却有这样一种现象，同样是直来直去的人，有的人处处受到欢迎，而有的人却处处得罪人，人们都不愿意与他交往。

这就涉及到说话的方式方法的问题。首先需要明白，直爽并不等于言语毫无顾忌，并不等于说话只图一时之快，不讲究方式方法。而那些因说话直而得罪人的人，问题就出在方法上。有的人讲话不分场合，比如批评别人，虽然你内心毫无恶意，但因为没考虑到场合，使被批评者下不了台，面子上过不去，一时难以接受。对方的自尊心被伤害，当然会对你有意见。

再有一种情况，可能平时说话时没有注意，触动了别人的短处或隐私，无意之中也得罪了人。

一旦知道自己说话直得罪了人，就要找机会真诚地向对方道歉，取得对方的谅解。如果你是在公共场合伤了对方的自尊，不妨在原来在场的人都在的情况下，巧妙地以意义相反的话抵消前面话的副作用，对方见你已经改正错误，自会谅解你。

不过，如果你一向说话很直，经常得罪人，千万不要依靠道歉来取得别人的原谅，因为如果你经常伤害一个人，又经常向他道歉，他一定会认为你是口是心非或是有意伤害他。

你不妨回过头来检查一下自己：是不是忽略了场合；说话方式是不是触及了别人的隐私；同样是提意见，为什么不以好的方式达到预期的效果呢？说话时先为对方着想，不要动辄以教训的口吻指责别人，要注意维护对方的自尊。这样你就会成为一个受欢迎的直率人。

在日常生活中，常常会遇到别人在你面前说另一个人的坏话，对此，你就得端正态度，用辩证的思维去考虑这些问题，把握好应对的分寸。以下几点建议可供借鉴：

（1）慎重地判断询问者的意图

被上级询及对同事的意见时，答不出来实在令人伤脑筋。若是针对人格评价的问题，必须得慎重处理。

首先的要诀是掌握对方的意图，观察上级的心意是属于哪一种类型，比如：

第一种类型：只是灵机一动地发问。

第二种类型：为了确认自己的见解。

第三种类型：对自己的看法不确定，想参考员工的意见。

第四种类型：为得到一个公正的评价，而询问其他员工的意见。

第五种类型：故意在同事之间造成对立，使彼此心生"暗鬼"，再由此"操纵"他们。

判断妥当之后，再考虑如何应答。

如果是属于第一种类别，说法、口气都会比较轻松，不难立刻判断出来。只要顺水推舟，把话题转向就可以。有问题的是其余四种类型。

（2）先做不解状，观察对方的反应

无论任何一种情况，都先做不解状地侧头沉思，迅速观察对方的反应。

"嗯，他是个好人吧……"

对方若是这样反应的时候，是属于第三种类型，不必太在意。

稍微沉默一会儿之后，不妨反问上级："不知您的看法如何？"试探他的反应。

如果是第二种情况，上级应该会说："我个人的看法是……"把自己的意见说出来。如果和你所想的一样，就表示同感。否则，就把自己认为不同的地方陈述出来。

谈论别人的缺点，也应仅止于大家都认同的地方，如果有上级未曾注意的，点到为止就可。

（3）注意"危险信号"

如果上级说："我只跟你说。"则属于第五种类型的几率相当大。

假使你对该同事也不具好感，按捺不住地也对上级说："这些话只跟您提而已……"随意地就大发议论的话，正中上级下怀。你所说的话会立刻传入该同事的耳中。

对于第五种类型的应答法，只要装作一概不知、愿闻其详的表情就可。

一定要把好"口风"

"一言可以兴邦，一言可以乱邦"，所以老于世故的人对人总是唯唯诺诺，能不表明态度的，就尽可能做到三缄其口。

在现实生活中，正人君子有之，奸佞小人亦有之。在复杂的环境下，不注意说话的内容、分寸、方式和对象，往往容易招惹是非，授人以柄，甚至祸从口出。人只有安身立命，适应环境，才能改造环境，顺利地走上成功之道。因此，说话小心些，为人谨慎些，使自己置身于进可攻、退可守的有利位置，牢牢地把握人生的主动权，无疑是有益的。况且，一个毫无城府、喋喋不休的人，会显得浅薄俗气、缺乏涵养而不受欢迎。西方有谚语："上帝之所以给人一个嘴巴、两只耳朵，就是要人多听少说。"

口无遮拦的害处非常多。比如某君有不可告人的隐私，你说话时偏偏在无意中说到他的隐私，言者无心，听者有意，对方会认为你是有意跟他过不去，从此对你恨之入骨；他做的事别有用心，极力掩饰不使人知，如果被你知道了，必然对你非常不利。如果你与对方非常熟悉，绝对不能向他表明，你绝不泄密，那将会自找麻烦。唯一可行的办法就是假装不知道，若无其事；他有阴谋诡计，你却参与其事，代为决策，帮他执行。往好的方面讲，你是他的"知己"；往不好的方面讲，你是他的"心腹之患"。你虽然谨守秘密，从来不提及这件事，不料另有人识破，对外宣告，那么你无法逃掉泄露的嫌疑。你只有多多亲近他，表示自己并无二心，同时找出泄露这个秘密的人；万一对方对你并不十分信任，你却极力讨好他，为其出谋划策，假如他采用的话，并且试行的结果并不好，一定会疑心你在有意捉弄他；即使试行结果很好，他未必增加对你的好感，认为你只是碰巧而已，不能算你的功劳，所以，你在这个时候还是不说话为好；对方获得了成功是由于采纳了你的计策，而他又是你的领导，那么他必然会怕好名声被你抢去，内心惴惴不安。这时，你就可以逢人便称，这是领导的计谋和远见，不要透露你曾经出了什么力量。

你有得意的事，就该与得意的人交谈；你有失意的事，应该和失意的人交谈。说话时一定要掌握好时机和火候，不然的话，可能会碰一鼻子灰，不但目的达不到，而遭冷遇、受申斥也说不定。一些奸佞小人，巧妙地利用了别人在说话时机、场合上的失误，拿他人当枪使，以达到损人利己的目的。

老话说得好，"祸从口出"，做事一定要把好口风。什么话能说，什么话不能说；什么话可信，什么话不可信，都要在脑子里多多思考一下。害人之心不可有，防人之心不可无。一旦中了小人的圈套，为其利用，后悔就来不及了。

摆脱不受欢迎的说话方式和习惯

在与人交谈过程中，有些说话方式和习惯不受欢迎，容易招致"万人烦"，我们需要加强注意，并努力克服和改正。比如：

（1）逢人诉苦，散播悲观情绪

在人的生涯中，每个人都会遇到挫折和苦难，但每个人对待的方式不同。有的人迎难而上，有的人知难而退，有的人却将苦难带来的愁苦传染给别人，在众人面前条陈辛酸，以获同情。交际中一味地诉苦会让别人觉得你没魄力，没能力，会失去别人对你的尊重。

（2）喋喋不休，独占谈话时间

许多人在与人交谈中，总将自己放在主要位置，自始至终一人"唱独角戏"，喋喋不休地推销自己，滔滔不绝地诉说自己的故事。这样不但不能表现自己的交谈口才，反而令人生厌。"一言堂"不能交流思想，不能增进感情。交谈时应谈论共同的话题，长话短说，让每个人都能充分发表意见，留心听者的反应，这样才能融洽气氛，众情相悦。正如亚历山大·汤姆所说："我们谈话就像一次宴请，不能吃得很饱才离席。"

（3）尖酸刻薄，喜欢与人争论

同事之间在交谈中有时免不了争论，但善意、友好的争论更能促进彼此间的了解，活跃交际环境，起到调节气氛作用，有时一场精彩的争辩会让人荡气回肠。但是尖酸刻薄、烽烟四起的争辩会伤害人，导致对方心情不爽、望而生叹、敬而远之。因为尖刻容易树敌，只要我们想一想，如果你在言谈中出现四面楚歌、群起攻之的局面，自己的处境就可想而知了。

（4）无事不通，显得聪明过人

言谈中，谈话的内容往往涉及天文、地理、历史、哲学等古今中外、日月经天、江河行地般的话题。如果你在交谈中表现"万事通""耍大能"，到时定会打自己的嘴巴，砸自己的脚。因为交谈是相互了解、相互交流的方式，而不是表现学识渊博、见识广的舞台。更何况老子曾说过："言者不知，知者不言。"交谈中什么都说的人也许懂的并不是很多。

与外国人说话的禁忌

刘媛在一家外国商社的驻京办事处当秘书。有一天气温骤降，她见一位外国同事穿得单薄，便关照对方："天气寒冷，您该加一些衣服。"那位同事平时对她极为友好，此刻他却"哼"一声便扬长而去。他之所以会如此，是因为刘媛选择了外国人忌讳的话题。

与外国人交谈，我们首先要了解外国人的心理，通常下列话题在同外国人交谈时是不宜选择的：

（1）过分的关心和劝诫

中国人提倡关心他人比关心自己为重，外国人却强调个性独立，所以不能将中国式的善意的关心和劝诫施之于外国人，否则就会出力不讨好。你问外国朋友："吃饭了吗？"你跟他打招呼："您上街吗？"显然是出于好意，在他看来却是被粗暴地干涉了个人自由，他可能还会因此而埋怨你。

（2）个人的私生活

同外国人交谈，不得随便询问对方的年龄、婚姻、经历、收入、住址以及其他家庭生活方面的情况。这类话题对中国人来讲极为常见，而在外国人看来，却意味个人隐私。对外国人的服饰、住宅、家具、汽车等物品的价格和式样也不要予以评论，它们均与收入有关，亦属个人隐私的范围。

（3）令人不愉快的话题

衰老与死亡、讨厌的甲虫、惨案与丑闻、淫秽的故事这类话题均系危言耸听，格调低下，与外国人交谈时不宜触及。他们认为，谈论这些"脏、乱、差"的话题既令人扫兴，又不吉利。中国人相见，往往要相互问候对方近来的身体状况如何，但是最好不要同外国人谈及这个问题，更不宜跟一位外国病人详谈他的病情。

南方某市的一位领导在一次会见奥地利客人时，兴趣盎然地同外宾们聊起了烹调经。他说："我马上就要请你们品尝此地名菜活杀鱼，那烧好的鱼端上来的时候，眼珠还一眨一眨的。可是此地一绝呀！"谁想外宾却不领情，而且马上就表示抗议，结果双方不欢而散。事后了解到，这批奥地利客人是该国动物保护组织的成员。由于文化习俗的差异，他们把我们津津乐道的"此地一绝"，当成不能容忍的残害动物的行为了。

对外国人的政治主张、宗教信仰、风俗习惯和个人爱好，不要妄加非议。当着英国人的面讥讽他们的女王陛下、告诉一位收藏家玩物丧志，都是失礼的。

另外，中国的售货员被要求主动向顾客介绍和推荐商品，这一套对外国人来可行不通。因为外国人认为买什么东西是自己的事情，别人管不着。我们万一非得跟外国人谈论这种话题不可，则要尽量讲得委婉一点。在语气上特别注意，少用祈使句，不要让对方感到是在对他下命令。

应当指出，在与外国人交谈中，一旦遇到对方回避或不愿继续的话题，切忌我行我素，而要立即转移话题，必要时要向对方道歉。

切忌社交场合说话啰嗦

社交场合一旦出现了这类人，无论谁都会感到伤透脑筋：他们大大咧咧、漫不经心，讲起话来啰里啰嗦，看不出他们所说话的内容有什么逻辑联系。他们既不知道自己是在说些什么（没有明确主题），也不知道自己为什么要说些什么（没有明确目的），更不知道自己遇到与人谈话的场合应该怎么办（不知道社交场合谈话的基本规则）。这类人往往心地善良，不含恶意，但就是会让听者难以接受。

在社交场合说话啰嗦，也是性格上的一大弱点。它让人神经紧张、心情厌烦，又不好粗暴地打断话头："闭上你的嘴！"

有人提出了颇具幽默的设想，建议具有这种性格的人说话时想像自己在打国际长途电话，说话的每一分钟你都必须付款。这是一种合理的想像，你在浪费别人的时间。而一旦你真正这样想的话，那么你肯定会知道自己要说些什么，也知道为什么要说这些。至于怎么办——这很清楚——唯一的原则就是简洁明快。从任何角度来看，没有人会心甘情愿为自己的一堆废话去付账。所以，这条建议不失为一个行之有效的方法。

问题在于，说话啰嗦的人往往觉得自己所说的涵义丰富，他们认识不到自己的弱点。

有两个多年未见面的老朋友相聚，他们彼此都对此盼望了很久。结果其中一个带了他热情开朗的新婚妻子一起来。那位妻子从一开始就独占了整个谈话，滔滔不绝，一个接一个地说着一些自己觉得很好笑、很有趣味的事情。出于礼貌，两个男人沉默地听着，偶尔尴尬地彼此对看一眼。当他们分手的时候，那位妻子站在门口的台阶上挥舞着手套，兴高采烈地说"再见"，她觉得度过了一个很有意义的夜晚，认识了丈夫的朋友，还进行了一次快乐的谈话。而两个男人却对老朋友分别多年后的情况仍旧一无所知，心里埋怨着这个开朗得过分的女人，即使她的丈夫也是如此。

心理学专家们为啰嗦的人列出七个典型的特征：

（1）由于自己注意力分散，一再要求别人重复说过的话；

（2）打断他人的谈话或抢接他人的话头，希望整个谈话以"我"为中心；

（3）像倾泻炮弹一样连续表达自己的意见，使人觉得过分热心，以致难以应付；

（4）随便解释某种现象，轻率地下结论，借以表现自己是"内行"，然后滔滔不绝；

（5）说话不合逻辑，令人难以领会意图，并轻易地从一个话题跳到另一个话题，有时自己也觉得莫名其妙；

（6）不适当地强调某些与话题毫不相关的事物，东拉西扯；

（7）觉得自己说的比别人说的更有趣。

凡此种种，都是说话啰嗦者的通病，也往往造成社会交往中的尴尬场面。

你不妨对照一下，只要具备了七条中的任何一条，你就有必要在交谈的技巧上加以切实的提高。切记：仅仅有了充分热情的交谈愿望是远远不够的，毫无技巧的谈话只会给人带来烦恼，而不会增进友谊。如果你把这只当作一个无足轻重的小毛病，那你就大错特错了。

这里有四个实用的交谈技巧，可供说话啰嗦者试行：

（1）既然是交谈，就要先听清楚别人在说什么，还得用心记住，免得三分钟后你又重新发问，或自己说的和别人说的毫不相干。倾听有时比说话更重要。心不在焉、漏听字句和记性不佳，都会使谈话变得冗长、拖沓、无聊。试想，如果你在说话时，有人时时提问："你刚才在说什么？"那将是一件多么令人扫兴的事啊！

（2）注意观察他人的反应，包括他人的语调是否热情，是否对你说的话感兴趣。谈话就像司机驾车过十字路口一样，要时时注意红绿灯。当别人表情冷淡、哈欠连连，你仍然滔滔不绝往下说，无异于违反了"交通规则"。如果别人对你说的话感兴趣，就会做出积极鼓励的反应，邀请你说下去。否则就是开红灯，你要赶紧刹车，适可而止。

（3）你如果想要有一次愉快的交谈，就要把话说得有条理。最令人困扰的就是缺乏条理的谈话习惯，它会轻而易举地将人引到信口开河、废话连篇、离题万里、一再重复的泥塘里去。说话无组织、无逻辑是思想不清楚的表现，没有人愿意和他打交道。

（4）不要把"我"当成谈话中的核心和重点，要引导对话者也积极参与进来。这样即使你要说很多话，也不会让人觉得太冗长。在与人交谈时摆正"我"的位置，是一门大有学问的艺术，你不是一个伟人，没有必要居住在地球中心。

学会用委婉的语言表情达意

在日常交际中，总会有一些人们不便、不忍，或者语境不允许直说的话题，需要把"语锋"隐遁，或把"棱角"磨圆，使语意软化，便于听者接受。说话人故意说些与本意相关或相似的事物，来烘托本来要直说的话。这就是委婉的说话方式，我们要学会用委婉的语言来表情达意。

说话委婉是做事的一种"缓冲"方法。委婉的语言，能使也许本来很难做成的事情变得顺利起来，让对方在比较舒适的氛围中接受到自己所要表达的信息。因此，有人称委婉是社交语言中"软化"的艺术。例如巧用语气助词，把"你这样做不好"改成"你这样做不好吧"；也可灵活使用否定词，把"我认为你不对"改成"我不认为你是对的"；还可以和缓地推托，把"我不同意"改成"目前，恐怕很难办到"……这些，都能起到"软化"的效果。

具体地说，委婉的说话方式有以下几种形式：

（1）讳饰式

讳饰式委婉法，是用委婉的词语表示不便直说或使人感到难堪的方法。

例如：在我国北方，老人去世了，以"老了"讳饰，类似的不下有几十个同义讳饰词语。再如，生活中对跛脚老人，改说"您老腿脚不利索"；对耳聋的人，改说"耳背"；对妇女怀孕说"有喜"。总之，在语言交流中讲究讳饰，也就是"矮子面前不说矮"，而不是"哪壶不开提哪壶"。

有时，即使动机好，如果语言不加讳饰，也容易找人反感。比如：售票员说："请哪位同志给这位'大肚子'让个座位。"尽管有人让出了座位，但孕妇却没有坐，"大肚子"这一称呼使她难堪。如果这句话换成："请哪位热心人，给这位准妈妈让个座位。"当有人让出座位时，这位孕妇就会愉快地坐下。

（2）借用式

借用式委婉法，是借用一事物或他事物的特征来代替对事物实质问题直接回答的方法。例如：

在纽约国际笔会第48届年会上，有人问中国代表陆文夫："陆先生，您对性文学怎么看？"陆文夫说："西方朋友接受一盒礼品时，往往当着别人的面就打开来看。而中国人恰恰相反，一般都要等客人离开以后才打开盒子。"

陆文夫用一个生动的借喻，对一个敏感棘手的难题，婉转地表明了自己的观点——中西不同的文化差异也体现在文学作品的民族性上。以上两例，实际上都是对问者的一种委婉的拒绝，其效果是使问话者不至于尴尬难堪，使交谈继续进行。

（3）曲语式

曲语式委婉法，是用曲折含蓄的语言和商洽的语气表达自己看法的方法。

例如，《人到中年》的作者谌容访美期间，在某大学作讲演时，有人问："听说您至今还不是中共党员，请问您对中国共产党的私人感情如何？"谌容说："你的情报很准确，我确实还不是中国共产党员。但是我的丈夫是个老共产党员，而我同他共同生活了几十年尚无离婚的迹象，可见……"

谌容先不直言以告，而是以"能与老共产党员的丈夫和睦生活几十年"来间接表达自己与中国共产党的深厚感情。有时，曲语式委婉法比直接表达更有力。

第五章
交友心理学

朋友能推动你事业的发展

朋友能推动你事业的发展，帮助你实现自己的愿望，给你提供一个能够展示自我才华的机会和舞台；在你遭遇困境的时候，他还会帮你解困，充当"恩人"的角色，信赖和依靠你的朋友，你会早日走向成功的彼岸。

姚崇是唐玄宗时期有名的宰相。在姚崇的朋友之中，有一位叫张宗全的秀才，他深谙朋友的重要性，并因此受益，被姚崇推举为三品高官。

一次，老师要姚崇与张宗全就某个题目做一篇文章，两天之后交卷。他们下去都精心做了准备，将自认为写得最好的一篇交了上来。事有凑巧，姚崇与张宗全所写的内容几乎完全一样，且观点也相当一致。这如何不使老师为之恼火？没想到自己门下最得意的两门生敢剽窃他人作品，这如何了得？

看到这种情况，姚崇据理力争，声明文章绝非剽窃。张宗全的作品也非剽窃他人，但他为了平息老师的怒火，就对老师说："前两天与姚兄论及此题，姚兄高谈阔论，学生深感佩服，遂引以为论。"

老师听到这番话，也知错怪了两位学生，就平息了心中怒火。事后姚崇心里为此深感佩服，为张宗全的广阔胸襟所感动。姚崇当宰相后，遂向唐玄宗推荐此人，唐玄宗在亲自考核张宗全的才华之后，便封了他一个正三品官衔。可见，朋友之间相互扶持，会帮助你抓住良好的机遇，成为你事业的靠山。

有着深厚交情的朋友，能够为你成就自己的事业助一臂之力；而仅有一面之缘的友人，也会记得你的友爱之情，而给你一个不错的回报。

香港"景泰蓝大王"陈玉书在创业初期就曾经得到过一位特殊朋友的帮助。

有一天，他在一个公园独自散步，偶然看见一位女士正陪着她的孩子在玩荡秋千。这位女士身单力薄，玩的时候很吃力，陈先生于是便主动上前帮忙，由于他的加入，那对母子玩得非常开心。临走时，这位女士没有忘记陈先生的友善，给他留了一张名片，并对他说，如果以后需要帮忙可以找她。原来，这位女士是某国大使的夫人。陈先生后来便通过这位女士得到了一张运往香港货物的签发证，从中赚了一大笔钱，由此成为他事业腾飞的一个起点。

用你真诚的友情去面对每一位朋友，无论亲疏，无论穷富，他们都会在关键的时候帮助你，让你可以依靠。

著名的维克多连锁店，从发展到壮大依靠的就是朋友的力量。

维克多从父亲的手中接过了一家食品店，这是一家古老的食品店，很早以前就存在而且已出名了。维克多希望它在自己的手中能够发展而且更加壮大。

一天晚上，维克多在店里收拾，第二天他将和妻子一起去度假。他准备早早地关上店门，以便做好准备。突然，他看到店门外站着一个年轻人，面黄肌瘦、衣衫褴褛、双眼深陷，是一个典型的流浪汉。

维克多是个热心肠的人。他走了出去，对那个年轻人说道："小伙子，有什么需要帮忙的吗？"

年轻人略带腼腆地问道："这里是维克多食品店吗？"他说话时带着浓重的墨西哥味。

"是的。"维克多回答道。

年轻人更加腼腆了，低着头，小声地说道："我是从墨西哥来找工作的，可是整整两个月了，我仍然没有找到一份合适的工作。我父亲年轻时也来过美国，他告诉我他在你的店里买过东西。喏，就是这顶帽子。"

维克多看见小伙子的头上果然戴着一顶十分破旧的帽子，那个被污渍弄得模模糊糊的"V"字形符号正是他店里的标记。"我现在没有钱回家了，也好久没有吃过一顿饱餐了，我想……"年轻人说道。

维克多知道了眼前站着的人只不过是多年前一个顾客的儿子，但是，他觉得应该帮助这个小伙子。于是，他把小伙子请进了店内，好好地让他饱餐了一顿，并且还给了他一笔路费，让他回国。

不久，维克多便将此事淡忘了。过了十几年，维克多的食品店越来越兴旺，在美国开了许多家分店，于是他决定向海外扩展，可是由于他在海外没有根基，要想从头发展也是很困难的。为此维克多一直犹豫不决。

正在这时，他突然收到一封从墨西哥寄来的一封"陌生人"的信，原来正是多年前他曾经帮过的那个流浪青年。

此时那个年轻人已经成了墨西哥一家大公司的总经理，他在信中邀请维克多来墨西哥发展，与他共创事业。这对于维克多来说真是意外的惊喜。他喜出望外，有了那位年轻人的帮助，维克多很快在墨西哥建立了他的连锁店，而且发展得异常迅速。

朋友的力量是你永远的财富；而失去了朋友的人则会变得黯淡无光，找不到生活的希望和乐趣。

杰克·伦敦的童年，贫穷而不幸。14岁那年，他借钱买了一条小船，开始偷捕牡蛎。可是，不久之后就被水上巡逻队抓住，被罚去做劳工。杰克·伦敦找机会逃了出来，从此便走上了流浪水手的道路。

两年以后，杰克·伦敦随着姐夫一起来到阿拉斯加，加入到淘金者的队伍中。在淘金者中，他结识了不少朋友。他这些朋友中三教九流什么都有，而大多数是美国的劳苦人民，虽然生活困苦，但是在他们的言行举止中充满了生存的活力。

杰克·伦敦的朋友中有一位叫坎里南的中年人，他来自芝加哥，他的辛酸历史可以写成一部厚厚的书。杰克·伦敦听他的故事经常潸然泪下，而这更加坚定了杰克·伦敦心中的一个目标：写作，写淘金者的生活。

在坎里南的帮助下，杰克·伦敦利用休息的时间看书、学习。1899年，23岁的杰克·伦敦写出了处女作《给猎人》，接着又出版了小说集《狼之子》。这些作品都是以淘金工人的辛酸生活为主题的，因此，赢得了广大中下层人士的喜爱。

杰克·伦敦渐渐走上了成功的道路，他著作的畅销也给他带来了巨额的财富。

刚开始的时候，杰克·伦敦并没有忘记与他同甘苦共患难的淘金工人们，正是他们的生活给了他灵感与素材。他经常去看望他的穷朋友们，一起聊天，一起喝酒，回忆以往的岁月。

　　但是后来，杰克·伦敦的钱越来越多，他对于钱也越来越看重，他甚至公开声明他只是为了钱才写作。他开始过起豪华奢侈的生活，而且大肆地挥霍。与此同时，他也渐渐地忘记了那些穷朋友们。

　　有一次，坎里南来芝加哥看望杰克·伦敦，可杰克·伦敦只是忙于应酬各式各样的聚会、酒宴和修建他的别墅，对坎里南不理不睬，一个星期中坎里南只见了他两面。

　　坎里南头也不回地走了。同时，杰克·伦敦的淘金朋友们也永远地从他的身边离开了。

　　离开了生活，离开了写作的源泉，杰克·伦敦的思维日渐枯竭，他再也写不出一部像样的著作了。

　　把朋友当成你的靠山吧。就像中国有句常说的话"在家靠父母，出外靠朋友"，善于寻找自己的朋友，把你的朋友当成自己的帮手，就能够早日取得成功，找到充实而富有意义的生活。

你的人生因朋友而丰富多彩

　　朋友能够慰藉你的精神，使你的身心得到更大的快乐，督促你道德上的提高。在与朋友交往的过程中，能够得到人生的感悟，受到心灵的启迪。在陶冶情操、勉励人格的同时，也会让你的人生变得更加丰富多彩，而又情趣盎然。

　　一个真正的朋友，在思想上会与你接近，也能够理解你的志趣，了解你的优势和弱点。他会鼓励你全力以赴地做好每一件认为该做的事，消除你做任何坏事的不良念头。为你增加无穷的能量与勇气，让你以"不获成功决不罢休"的精神，积极地度过生活的每一天。

一个见识过人、能力很强的人，即使目前看上去已经事业有成，但是如果没有几个真正的朋友，那就不能称得上是成功。因为"一个人是否成功很大程度上取决于他择友是否成功"。

社会中有许多靠着朋友的力量而成功的人，如果能把他们的成功过程一一研究起来，你会发现朋友是一笔多么巨大的财富。一位作家说过这样的话："谁也无法单枪匹马在社会的竞技场上赢得胜利、获得成功。换言之，他只有在朋友的帮助和拥护下，才不至于失败。"

和你的朋友在一起不但可以陶冶性情，提高人格，还可以随时在各方面给你带来帮助。而且，你的朋友往往还会给你介绍许多使你感兴趣、获得益处的同性或异性朋友来。在社会上，你的朋友又能随时帮助你，提携你，能把你介绍到本会被拒绝的地方。这些朋友都是诚心诚意的，无论是对于你的生意，还是你的职业都到处替你做宣传。告诉他们的朋友说，你最近又出了什么书；或者说你的外科手术很高明；或者告诉别人，说你是水平极高的大律师，最近又赢了一场大官司；或者说你有许多先进的发明；或者说你的业务非常棒。总而言之，真挚的友人没有不肯帮你鼓励你的。

如果你知道有人信任你，那是一种极大的快乐。这能使你的自信得到增强。如果那些朋友们——特别是已经成功的朋友们——一点都不怀疑你，一点都不轻视你，并能绝对地信任你。他们认为，以你的才能你完全是能够成功的，完全可创下一番有声有色的事业。那么，这对于你来说不啻于一剂激励你奋发有为的滋补药。

许多胸怀大志者正在惊涛骇浪中挣扎、在恶劣的环境中奋斗，希望获得立足之地时，倘若他们突然知道有许多朋友恳切地期待着他们的成功，那么这个时候，他们将变得更有勇气、更有力量。

有些命运坎坷、经历无数艰难险阻的人，在为成功而奋斗的路途上正要心灰意冷、准备停顿、不再前行时，突然想起他那亲如手足的兄弟来了，他的兄弟不是拍着他的肩膀，告诉他不要让大家失望。已经心灰意冷的奋斗者重新又振作起精神来，重新以百折不挠的意志力和无限的忍耐力继续去争取他们的成功。

尊重和珍惜自己的朋友，用你的真心积极地与朋友沟通；悉心听取朋友的见解和忠告，把他们当成你前进路上的智囊团。多一个朋友，就多了几分能量和智慧，也多了几分帮助你分担痛苦、分享快乐的源动力；减轻你的痛苦，放大你的快乐，生活也就会因此而充满了乐趣。感谢你的朋友，因为他们是你一生的财富。

建立一些"私交"

生活中，大多数人都会被一大堆繁复的公务所纠缠，每天除了自己的家人，面对的就是身边的同事。在冠冕堂皇面前，是一颗极其疲惫的心灵，每天按着自己的角色机械地行事，或者面对一些陌生的脸孔小心配合，开展工作，不但心情受到压抑，工作也难以得到迅速进展。

与其这样苦苦地支撑，倒不如在工作中建立你的私人友谊，那样，不但能够避免尴尬生硬的工作场面，还能够在松弛的状态下拉近彼此的距离。在与朋友自然的交往中完成各自的工作，提高做事的效率。

你的生活和工作息息相关，从你步入社会的那一天起，大多数时间都在与你的同事共同度过。与他们中的一部分人建立私交，成为你特殊状态下的特别朋友，无论对你的事业、工作还是生活都是极其有益的。

因为一些个人的经验和情感是普通人共有的，不管你拥有什么头衔或者挣多少钱，从个人角度来说，大家相似之处实在多于相异之处。如果你能记住这点并从这个角度出发与人们建立关系，那么你会发现：

（1）人们对你的感情会更有利于你。因为大家没有想到你会指出你和人们的共同点，并把你个人的情形告诉他们，大家在惊奇之余也感到高兴。他们马上感到与你很近并且乐于接受你告诉他们的一切。想想看，当某人以这种方式对待你时，你不是有同样的感受吗？

（2）人们对你会开诚布公。你的开诚布公也使他们有信心和勇气表露他们自己。当你继续作这样的人际关系的沟通时，你肯定会发现大家会有更多的共同基础去建立一种积极的工作关系。

（3）你不仅了解他人也更了解自己。当你从他人口中听到与自己一样的想法，了解到别人也有同样的感情或有使你遭受挫折的同样问题时，你所产生的情感是极少能与之相比的，你马上就与他有亲近感。比如你听到对方说："我是世界上最幸运的。"这正是你自己常说的话，这时你对他的亲近感就产生了。这些见识也可以帮助你在个人和事业上更好地成长和改进。

（4）建立信任。人们跟随和支持他们所信任的人，而一个表现出可亲近的、不在意人家知道自己短处的人，会让大家更信赖。你的下属、同事和领导不会因为你的角色、地位和头衔而信任你，但却会因你让他们看到了真实的你和你对他们的兴趣而逐渐信任你。

（5）你的伙伴会更积极热情。良好的人际关系激发人们的进取心，使他们更加感到其他人对他们的关心，并且倾听他们的烦恼。

另外，有个人情谊的公务交往能使人们感到自己被肯定。

在三角债（"三角债"是企业间超过托收承付期或约定付款期应付而未付的拖欠货款的俗称，是企业间拖欠货款而形成的连锁债务关系）严重时，某公司欠一家工厂的大量资金迟迟不还，工厂几次派人出面交涉都无结果，后来使出"杀手锏"——由李科长出面解决，李科长是人事部的，且老于世故。

李科长先不急于去找欠债公司的经理徐某，而是打算先与对方建立私交。于是李科长多方了解欠债公司的情况和徐某的爱好、性格等，得知该公司并非还不了钱，而是希望拖延一段时间，不愿意那么快还钱；徐某爱好广泛，特别喜欢书法，而且书法功底还不错，家里还挂着他自己写的一些字。李科长得知这些情况后，对成功做成这件事成竹在胸。

李科长打电话与徐某约定某日晚上将登门拜访。这天，李科长如期赴约，来到徐某家就问寒问暖，极其热情，似乎久别重逢，他乡遇故知。落座后，李科长只字不提债务，反而和徐某聊起了家常，问及家中儿女的情况，徐某一一回答，当说到儿子刚考上某重点大学时，徐某脸上泛起了微笑，这怎能逃过李科长锐利的眼睛。李科长说自己也有一个儿子，快高三了，可惜不成器，学习不好，李科长言语间流露出对徐某有如此上进的儿子的美慕之情，并耐心向徐某讨教教育子女的方法。徐某对此颇有心得，侃侃而谈，极尽父母对儿子的拳拳教诲之心和望子成龙的期盼，李科长不时对徐某的某些观点表示赞同，大发感慨。李科长似乎不经意地抬了一下头，盯着墙上的书法，口中赞叹不绝，然后转过头来问徐某："这是谁的墨宝?"徐某连说"过奖过奖"，并称这是他自己写的。李科长又夸了几句，便说自己也酷爱书法，想请徐某指点一二。徐某看来了同行就更来劲了，两人愈谈愈投机，感情升温。在适当的时候，李科长委婉地说公司目前十分困难，请徐某考虑一下债务问题，徐某欣然同意。

第二天，李科长"得胜"回来，追回了巨额的欠款。李科长把对方当成自己的朋友，在广泛而亲切的交谈中，很自然地得到了对方的支持，达到了自己的目标，在今后的工作中，说不定还多了一个可以信赖和依靠的好朋友呢。

不管你是怎样的一个大人物，当受到别人的礼遇时，内心也会感动。因此，建立起个人之间的关系也减少了紧张，使你看起来"不可怕"，并创造出一种轻松的、亲切的工作环境，打破互相间开始时不舒服的僵局。

一位刚刚调换到新部门的年轻人很希望一开始就同他的新领导搞好关系，于是频频拜访之。不料新领导由于同年轻人的旧领导关系不好，由此"厌乌及屋"，每次都借故避而不见或只是"打哈哈"，不肯放松谈话的语气。有一次年轻人注意到领导挂在衣架上的明尼达垒球队的帽子和办公室周围摆设的这个球队的衣服和用品，他便决定冒险一试。"我必须给你看一样东西，你会认为是值得的。"他对领导说，并站起来，伸手到腰抓住短裤的弹性腰带，并解释这是太太送的礼物，他把它拉出来足以让领导看到那上面印着的明尼苏达垒球队的商标，两人大笑起来，轻松之中，开始谈垒球，气氛融洽起来，从而使谈话变得相当愉快，且有收获，年轻人也得到了新领导的友善。

的确，试图与领导或同事建立朋友关系是需要冒险的。虽然你不必像以上这位年轻人那样大胆地去获得私人关系的"回报"，但你仍可以"冒一下风险"，并要有勇气和热情去建立这层关系。

谨交游，慎择友

事实上，你留给别人的印象，在很大程度上是受朋友影响的。俗语有言，"物以类聚""近朱者赤，近墨者黑"，这些并不是无根无据，而是非常真实的。比如说，你结交一些非常重要的和成功的朋友，别人就会想："他一定有些才能和这些人交朋友的。"假如你的朋友都是失败者，虽然这不会严重影响你留给别人的印象，但对你也不会有积极的帮助。因此，不能不认真地对待择友的问题。

（1）谨慎地选择朋友

明代苏浚将朋友分为四种："道义相砥，过失相规，畏友也；缓急可共，生死可托，密友也；甘言如饴，游戏征遂，昵友也；利则相合，患则相倾，贼友也。"因此，交友要选择，多交畏友、密友，不交损友、昵友、贼友。"近朱者赤，近墨者黑"，这些古训都说明交友对一个人的思想、品德、学识会产生深刻的影响。清代冯班认为：朋友的影响比老师的影响还大，因为这种影响是气习相染、潜移默化的，久而久之不知不觉就受其影响。这就是《孔子家语》说的："与君子游，如入芝兰之室，久而不闻其香，则与之化矣。与小人游，如入鲍鱼之肆，久而不闻其臭，亦与之化矣。"涉世不深的年轻人尤其应注意"谨交游，慎择友"的古训。在交友时要有知人之明，不要错把坏人当知己，上当受骗，甚至落入损友的圈套。

交友有一个选择的过程。开始是结识和初交，在交往过程中互相了解以后，才由初交成为熟悉的朋友。朋友可以是暂时的，也可能是永久的。从学习、工作的需要出发，本着共同进步的原则，结交一些志同道合的朋友是有益的。如果不仅志同道合，而且感情深厚，心灵相通，这样就可以从合作共事的朋友变成生死相依，患难与共的知音知己。

（2）分清君子之交和小人之交

交什么朋友，怎样交友，这是一个问题的两个方面。人有君子，有小人，交友也有君子之交和小人之交。君子之间的友谊平淡清纯，但真实亲密而能长久。小人的友谊浓烈甜蜜，但虚假多变，经不起时间的考验。

君子之交以互相砥砺道义、切磋学问、规劝过失为目的，友谊是建立在互相理解、思想一致的基础之上的，故虽平淡如水，但能风雨同舟，生死不渝。小人之交是建立在私利的基础上的，平时甜言蜜语，信誓旦旦，一旦面临利害冲突，就会交疏情绝，反目成仇。

君子之交和小人之交的区别在于"同道"还是"同利"。小人之交是为了私利而互相勾结，所以见利就争先，利尽就交疏。这样的朋友是"假朋友"，或者是"暂时的朋友"。君子之交是坚持道义的原则和社会的使命，所以能够相益共济，始终如一。这样的朋友才是可靠的"真朋友"。我们要交志同道合的"真朋友"，不要交追逐私利的"假朋友"。

（3）交友的目的要纯洁

友谊的基础是理解和感情，不能用权力和金钱去换取。"以势交者，势倾则绝；以利交者，利寡则散。"克雷洛夫也有同样的见解："在你有权力有名望的时候，卑鄙的人是不敢抬起嫉妒的眼睛看你的。然而，到了你一落千丈的时候，他们就会表现出他们的毒辣。"我们怎么能把这种势利眼当朋友呢！财富的作用也是这样，靠金钱、酒肉引不来真诚可靠的朋友。李白《赠友人》诗云："人生贵相知，何用金与钱。"李白以亲身的经验道出了人生的真理。因此，古人注意从贫困患难中识别人。当你处在人生低谷时愿意和你交往的人是真朋友；当你飞黄腾达时才和你拉关系的人多半靠不住。

交往的合理模式与方法

为了与朋友进行有意义和有价值的交往，必须要把握好交往周期长短的分寸。

（1）交往时间不宜过长或太短

在交往时间上，过长会影响到你的工作与生活。工作时间中，除了在办公室应酬以外，还要在电话里订约会，在会客室里接待。业余时间里，不是在家里应酬来访者，就是进出于饭店、酒吧、咖啡馆、KTV、电影院和俱乐部，整天忙得筋疲力尽。交往不足的则交往活动太少，交往周期过长。他们与人交往的时间，局限在逢年过节、朋友家遇上红白喜事或婚丧嫁娶，他们与别人接触的机会太少了，交往的时间也太短了，因此，他们与别人的关系是疏远的。

有些人交往对象太多，交往时间太长，交往期望反而不高。他们是为交往而交往，根本没有明确的交往目的，有的甚至把交往当作做生意，搞交易，只想从别人那里获得更多的经济利益，根本不考虑人际间和谐亲密的精神境界。他们只图眼前利益，有利就来往，无利就分手。今天是朋友，明天是敌人。他们的交往行为极不稳定，根本谈不上什么连续性、一贯性和长期性。他们与人的交往只停留在一面上，交往的质量极其低劣。虽然他们也讲什么公共关系、谈判艺术、交往技巧，但总找不到朋友之道的真谛，收不到交往的实际效果。一旦他们遇到不幸，遭到挫折，急需朋友帮助的时候，他们就会意识到自己是一个交往失败者，他们翻遍了通讯录，也找不到一个可理解、同情、支援自己的朋友。这时候，他们就会感到交往带给自己的辛苦和疲惫，决心不再与人打交道。

一些人交往对象太少，交往周期太长，他们采取的交往方式也极其死板，机械简单。在许多情况下，他们都是重复某种交往程序，根本不去根据交往情况的变化而采取相应的措施。就交往语言来说，他们不论在什么时候见了邻居总要问："吃饭了吗？"不论在什么地方见了朋友总是问："你身体好吗？"他们的语言是贫乏且死板的，交往的意向极为被动。他们从不主动参与交往，对周围事物往往视而不见，听而不闻。在一般情况下，他们对交往采取回避态度，当他们不得不与人交往时，多处于被控制和被支配的地位，如对方问什么，他就答什么。对方不发话，他也不说话。他习惯于"沉闷"和"卡壳"，并且会为此而感到紧张和窘迫。

由上所述，交往过度，人们对交往产生反感，从而转向交往不足。而交往不足，人们若有所失，产生孤独感，从而又转向交往过度。交往过度和交往不足互为因果，互相转化，恶性循环，使许多人十分痛苦，以致生活不得安宁。交往过度和交往不足都不利于交往，要充分发挥交往的积极效应，就必须防止交往过度和交往不足的两种偏向，探求交往的合理模式与方法。

（2）在交友方式上也要宁取平淡而持久，勿取甜蜜而多变

古人说："情相亲者礼必寡""礼貌过盛者，情必疏"。巴尔扎克也有类似的话："亲爱的朋友，切忌轻信，切忌平庸，切忌殷勤，这是三大暗礁!"巴尔扎克说的"切忌殷勤"，颇合乎"君子之交淡如水"的古训。"人之相知，贵相知心"，不必过分讲求形式和礼节。

（3）在日常生活中与别人联系的分寸

建立关系最基本的原则就是：不要与人失去联络。不要等到有麻烦时才想到别人，"关系"就像一把刀，常常磨才不会生锈。若是半年以上不联系，你就可能已经失去这位朋友了。

因此，主动联系就显得十分重要。试着每天打 5 到 10 个电话，不但能扩大自己的交际范围，还能维系旧情谊。如果一天打通 10 个电话，一个星期就有 70 个，一个月下来，便可到达 300 个。这样，你的人际网络每个月大概都可多十几个"有力人士"为你打通"环节"。

你有没有这样的经历：当你遇到困难，你认为某人可以帮你解决，你本想马上找他。但你一想，过去有许多时候，本来应该去看他的，结果你都没有去，现在有求于他就去找他，会不会太唐突了？甚至因为太唐突而遭到他的拒绝？

在这种情形之下，你不免有些后悔"平时不烧香，临时抱佛脚"了。

法国有一本书名叫《小政治家必备》，书中教导那些有心在仕途上有所作为的人，必须起码搜集 20 个将来最有可能做总理的人的资

料，并把它背得烂熟，然后有规律地按时去拜访这些人，和他们保持较好的关系。这样，当这些人之中的任何一个当起总理来，自然就容易记起你来。这种方法看起来不大高明，但是非常合乎现实。

要和别人有交情才好做事，不然的话，任你有登天本事，别人怎么会知道呢？

现代人生活忙忙碌碌，没有时间进行过多的应酬，日子一长，许多原本牢靠的关系就会变得松懈，朋友之间逐渐互相淡漠。这是很可惜的。所以，一定要珍惜人与人之间宝贵的缘分，即使再忙，也别忘了沟通感情。

很多人都有忽视"感情投资"的毛病，一旦关系好了，就不再觉得自己有责任去保护它了，特别是在一些细节问题上，例如该告知的信息不告知，该解释的情况不解释，总认为"反正我们关系好，解释不解释无所谓"，结果日积月累，便形成了难以化解的问题。

而更糟糕的是人们关系亲密之后，总是对另一方要求越来越高，总以为别人对自己好是应该的；但是稍有不周或照顾不到，就有怨言。长此以往，很容易形成恶性循环，最后不利于双方关系的发展。

可见，感情投资应该是经常性的，也不可似有似无，从生意场到日常交往，都应该处处留心，善待每一个关系伙伴，从小处细处着眼，时时落在实处。

志趣不同的人很难成为朋友

我们和熟识的人相遇，可能是点头一笑，或打一声招呼、寒暄一番，再分手告别；与朋友相遇，一定是眼前一亮，再相拥相抱，开怀畅笑，你一言，我一语，对方的一个举动，一个眼神，都会心领神会，不用多言，这就是朋友。

那么，怎样的人容易结交成朋友呢？一个共同的话题，共同的兴趣，或一个共同的爱好，都可能促成双方成为朋友。相反，志趣不同的人就难以成为朋友。

"道不同，不相为谋"，这是古人总结出来的，经过几千年的验证，依然被人们认同。这里的"道"也包含志趣的意思，没有共同的志趣，双方之间缺乏一个共同的桥梁来沟通，很难想象二人能成为朋友，即使走到一起，也是矛盾冲突不断。

在某高校的宿舍中，有同学六人，新学期刚到时，大家还能合得来，但时间一长，这六位同学就表现出了两种兴趣。巧的是，有这两种兴趣的各有三人，有三位同学沉溺于网络游戏，每天是一起出去，再一起回来，每天谈的也是游戏中的虚拟世界；而另三位却是球迷，不是踢球就是看球。两方人如果都在宿舍，若有一方谈起他们的爱好，那么另一方要么是不插嘴，要么就是冷言冷语，这样宿舍关系就搞得很僵化，双方也是互相看不起。

我国古代有"管宁割席"的故事，也许就是最好例证吧。

管宁和华歆在年轻时是一对很亲密的朋友。一次，两人在园中锄地时发现地上有块金子。

管宁继续锄地，把金子看成是瓦石，而华歆则捡起了金子，看到管宁的神色后，华歆就将金子给扔了。又一次，两人一齐坐在同一张席子上读书，有位达官显贵乘坐华丽的马车经过门前，管宁仍旧埋头读书，而华歆却连忙丢下书去观看。管宁见此情景，就再也不愿与他为友，于是就用刀把炕席一割为二，不跟华歆坐在一起了。

最容易与我们成为朋友的，有与我们并排而坐的共同求知的同学，也有和我们面对面相坐的办公室的同事。共同的条件，共同的经历极易促成互相之间成为朋友。但是即使成为了朋友，那么，维系友谊继续交往下去，依然是双方之间共同的情趣在起作用。

如今的社会，人们喜欢标新立异，性格和爱好各不相同，这让我们寻找一个志同道合的朋友就更难。但这并不意味着应该放弃交到知心好友的努力，我们一方面可以通过自己的学习，拓展自己的志趣空间，另一方面尽量以宽容的胸怀，容纳志趣不尽相同的人。这样可以最大限度地减少与他人之间的隔阂，让不同的志趣成为互补的因素，而不是交友的障碍。

警惕骤然升温的友谊

和好朋友相处要保持适度的距离；和普通朋友相交往更要把握其中的度。当对方突如其来地对你表示友爱之情的时候，你要警惕，冷静观察，以免被他骤然升温的友情所"烫伤"。

真正的朋友要经过一定时间的了解和共事才能建立彼此的友情，同时也能经得起时间和距离的考验。

如果你和某人只是普通朋友，虽然一起吃过饭，但还谈不上交情；如果你和某人曾是好友，但已有好长一段时间没有联系，似乎感情已经淡忘。但是有一日，他们却对你异常热情友好，甚至苦心运用一些办法与你亲密，在这种情况下，你应该有所警觉，因为他们可能对你有所企图！

当然我们这里只能说是"可能"，以避免以小人之心度君子之腹，误解对方的好意。也许有人当时真的是对你满腔热情与诚意，丝毫没有任何企图。人是一种感情动物，他们有可能因为你的言行而突然对你产生一种无法抑制的好感，就像男女间互相吸引那样，这种情形也不能排除，不过这种情形不会太多，而且你也要足量避免出现这种情况，碰到骤然升温的友情，宁可冷静待之，保持距离，使之冷却，这样就不会被"烫伤"！

在如今的商业社会中，朋友之间的友情大多建立在一种共同的利益之上。你帮了别人很大的忙，因此他对你十分感激，慢慢地，你们之间也交上了朋友，相互帮忙。因此，当你在生意场上突然有人对你产生友情，你一定要先"降降温"，冷静观之。

要分清这种友情是否别有企图，并不是一件很难的事。首先你可以看看自己目前的状况，你是否正把握着一定的资源，如权势、地位等。如果是，那么这个人有可能是冲着这些而来，想通过你得到一些好处；如果你无权无势，但是有钱，那么这个人也有可能是来向你借钱的，甚至骗钱！如果你无权无势又无钱，根本没什么东西值得让别人相求的，那么这突然升温的友情基本上没有危险——但也有可能"项庄舞剑，意在沛公"，他想利用你这个人来帮他做些事，或是想通过你的亲戚、朋友、家人等来帮他做事。

当你从自身的状况检查出这种突然升温的友情有无危险之后，你的态度仍要有所保留，因为这只能是你的一种主观认定，并不一定正确，所以你还要采取一些措施，例如：

（1）不推不迎

"不推"是指不要回绝对方的"好意"，即使你已经看出对方的企图，也不要立即回绝，或者当场揭穿，否则你有可能当即得罪对方；但也不能迫不及待地迎上去，因为这会让你无法脱身，脱了身又得罪对方。这就好像男女谈恋爱，如果你回应得太热烈，有时会让自己迷失方向，如果发现对方不中意时，你突然斩断"情丝"，这一定会惹恼对方！

（2）冷眼相观

"冷眼"是指不动情，因为一动情就会影响你的判断，不如冷静地观看他到底想玩什么把戏，并且做好防御的准备，避免在出现问题时措手不及。一般来说，若对方有什么目的，就会在一段时间之后露出"真面目"。

（3）礼尚往来

这是人际交往的一个基本原则，对这种友情，你要"投之以桃，报之以李"。他请你吃饭，你送他礼物；他帮你忙，你也要有所回报。否则他若真对你有所图，你会"吃人嘴软，拿人手短"，被他狠狠地套牢。临事脱逃，恐怕没那么容易！与你的朋友保持适度的距离，从而保证自己拥有一个清醒的头脑，在自主独立的状态下与人相交往，去伪存真，找到自己真正的朋友和靠山。

警惕交友时的陷阱

所谓的"朋友"，有时往往是你"最危险的敌人"，在你以之为友、放松戒备的时候，对方却已经早早为你设下了圈套。

张医生就被一位"朋友"害得惨透了。自己以之为友，没想到却落得个"人为刀俎，我为鱼肉"的境地，被狠狠地"宰"了几刀。

某年8月，张医生在桂林某医院进修，碰到一个叫毛玉凤的女人心脏病发作。张医生认为救死扶伤是医生的天职，马上组织抢救，最终，毛玉凤成功脱险。这以后，两人自然结成朋友。毛玉凤戴金丝眼镜，气质独特，常说要报救命之恩。说自己所在的深圳公司给自己分了一些股份，每股2500元，三个月后可获利两万，并表示让两股给张医生。此等朋友、此等情谊，张医生感动之余，立即将5000元交给毛玉凤。

第二年春节后，毛玉凤又对张医生说："上次股红没分，是公司用股红做了一笔大生意，三个月后每股回报3万。因为是老朋友，亲戚我都没给，再让两股给你，每股 3000 元。"话与情热乎乎的，张医生又把上个月工资的 6000 元交给毛玉凤，毛玉凤说她这个朋友"爽快"，不久，又把她介绍给自己的儿子小李。

小李对张医生说："您是我妈的朋友，我就算您的干儿子，我一定要在经济上帮你。"

又说："我和北京一个朋友在内蒙古办了个山羊养殖厂，做羊皮出口生意，年纯利几百万元，冲你是妈妈的朋友，把一个 3 万元的股份给你吧，半年能赚 10 万元。"

张医生心想友情难却，况且利润大，于是就把 3 万元交给了小李。

此后的日子里，张医生天天盼分红。不料，这年 7 月的一天，得到的消息是双方的生意都亏了，张医生只觉得五雷轰顶。

莫非毛玉凤是骗子？不像。不久毛玉凤的儿子小李又来了，晃一晃 100 元一扎的现金，拿出一张 4 万元的欠条，说马上要去买一只价值连城的古瓶，买回后卖给别人，还张医生后还有剩余。

人家举债设法还钱嘛，张医生再次为朋友之情感动。

小李将买回来的古瓶拿给张医生把玩一番，谁料想，张医生在接过古瓶的时候，不小心失手将古瓶摔了个粉碎。

小李要他赔偿古瓶，张医生因此分文未得，还给小李开了欠债 20 万元的欠条。

最后张医生病倒卧床，好在病后向公安局报了案。

公安局说这叫"杀熟"，一种当前极其普遍的"宰朋友"手段。"杀熟？"张医生闻所未闻，她搞不懂朋友之道何以变得这样险恶。

人们记忆犹新的传销活动害得多少亲朋好友倾家荡产，走投无路。

帮你租门面的朋友也许在当过手钱的房东；帮你出资金的朋友也许要收你的高利贷；帮你介绍生意的朋友也许要狠狠杀你一笔回

扣；帮你装电话的朋友至少要带走你一条红塔山、两瓶洋河酒。

当然，并非所有的朋友都是假仁假义之徒，只要你细心观察，仔细体会，就能剔除"假冒伪劣朋友"，找到你真正的朋友。

要讲客套，不能不给朋友面子

许多人在日常往往有这样不正确的认识：关系比较好的朋友之间无须讲究客套。他们认为，关系比较好的朋友彼此熟悉了解，亲密信赖，如兄如弟，有福共享，讲究客套太拘束也太外道了。其实，他们没有意识到，朋友关系的存续是以相互尊重为前提的，容不得半点强求、干涉和控制。彼此之间，情趣相投、脾气对味则合、则交；反之，则离、则绝。朋友之间再熟悉，再亲密，也不能随便过头，不讲客套；不然，默契和平衡将被打破，友好的关系将不复存在。因此，对关系非常好的朋友也要客气有礼。可以不强调自己的"面子"，但不可以不给朋友面子。

和谐友好的交往，需要充沛的感情为纽带，这种感情不是矫揉造作的，而是真诚的自然流露。当然，我们说好朋友之间讲究客套，并不是说在一切情况下都要僵守不必要的繁琐礼仪，而是强调好友之间相互尊重，不能跨越对方的禁区。

每个人都希望拥有自己的一片小天地，朋友之间过于随便，就容易侵入这片禁区，从而引起隔阂冲突。譬如，不问对方是否空闲、愿意与否，任意支配或占用对方已有安排的宝贵时间，一坐下来就滔滔不绝地高谈阔论，全然没有意识到对方的难处与不便；一意追问对方深藏心底的不愿启齿的秘密；一味探听对方秘而不宣的私事；花钱不记你我，用物不分彼此。凡此等等，都是不尊重朋友，侵犯、干涉他人的坏现象。偶然疏忽，可以理解，可以宽容，可以忍受。

长此以往，必生间隙，导致朋友的疏远或厌倦，友谊的淡化和恶化。因此，关系比较好的朋友之间也应讲究客套，恪守交友之道。

对朋友放肆无礼，最容易伤害朋友，其表现有如下种种：

（1）过度表现，言谈不慎，使朋友的自尊心受到伤害。

也许你与朋友之间无话不谈，十分投机；也许你的才学、相貌、家庭、前途等等令人羡慕，高出朋友一头。这使你不分场合，尤其与朋友在一起时，会大露锋芒，表现自己，言谈之中会流露出一种优越感，这样会使朋友感到你在居高临下对他说话，在有意炫耀抬高自己，他的自尊心受到挫伤，不由产生敬而远之的意念。所以，在与朋友交往时，要控制情绪，保持理智平衡，态度谦逊，虚怀若谷，把自己放在与人平等的地位，注意时时想到对方的存在。

（2）彼此不分，违背契约，使朋友对你产生防范心理。

有的人常错误地以为"朋友间不分彼此"。对朋友之物，不经许可便擅自拿用，不加爱惜，有时迟还或不还，一次两次碍于情面，不好意思指责。久而久之，会使朋友认为你过于放肆，产生防范心理。实际上，朋友之间除了友情，还有一种微妙的契约关系。以实物而言，朋友之间都可随时借用，这是超出一般人的关系之处，然而你们对对方的物品首先要有一个观念："这是朋友之物，更当加倍珍惜。"要把珍重朋友之物看作如珍重友情一样重要。

（3）过于散漫，不拘小节，使朋友对你产生轻蔑、反感。

朋友之间，谈吐行动理应直率、大方、亲切、不矫揉造作，方显出自然本色。但过于散漫，不重自制，不拘小节，则使人感到你粗鲁庸俗。也许你和一般人相处会以理性自约，但与朋友相聚就忘乎所以。或指手画脚，或信口雌黄、海阔天空，或在朋友说话时肆意打断，讥讽嘲弄，或顾盼东西，心不在焉，也许这是你的自然流露，但朋友会觉得你有失体面，没有风度和修养，自然对你产生一种厌恶轻蔑之感，改变了对你的原来印象。所以，在朋友面前应自然而不失自重，热烈而不失态，做到有分寸，有节制。

（4）随便反悔，不守约定，使朋友对你感到不可信赖。

你也许不那么看重朋友间的某些约定，对于朋友们的邀约总是姗姗来迟，对于朋友之求当时爽快应承，过后又中途变卦。也许你真有事情耽误了一次约好的聚会或没完成朋友相托之事，也许你事后轻描淡写解释一二，认为朋友间应当相互谅解宽容，区区小事何足挂齿。孰不知，朋友们会因你失约而心急火燎，扫兴而去。虽然他们当面不会指责，但必定会认为你在玩弄朋友的友情，是在逢场作戏，是反复无常、不可信赖之辈。所以，对朋友之约或之托，一定要慎重对待，遵时守约，要一诺千金，切不可言而失信。

（5）乘人不备，强行索求，使朋友认为你太无理、霸道。

当你有事需求人时，关系非常好的朋友当然是第一人选。可你事先不通知，临时登门提出所求，或不顾对方是否情愿，强行拉他与你同去参加某项活动，这都会使对方感到左右为难。他如果已有活动安排，不便改变。对你所求，若答应则打乱自己的计划；若拒绝，又在情面上过意不去。或许他表面乐意而为，但心中却有几分不快，认为你太霸道，不讲道理。所以，你对朋友有所求时，必须事先告知，采取商量的口吻说话，尽量在对方无事或情愿的前提下提出所求，同时要记住：己所不欲，勿施于人。

（6）不知时务，反应迟缓，使朋友对你感到厌嫌。

当你上朋友家拜访时，若遇上朋友正在读书学习，或正在接待客人，或正和恋人相会，或准备外出等，你也许自恃挚友，不顾时间场合，不看对方脸色，一坐就坐半天，夸夸其谈，喧宾夺主，不管对方早已如坐针毡，极不耐烦了。这样，对方一定会认为你太没有教养，不知时务，不近人情，以后就想方设法躲避你，害怕你再打扰他的私生活。所以，每逢此时此景，你一定要反应迅速，稍稍寒暄几句就知趣告辞，尊重朋友的私生活如同珍重友情一样可贵。

（7）用语尖刻，乱寻开心，使朋友突然感到你可恶可恨。

有时你在大庭广众面前，为炫耀自己能言善辩，或为哗众取宠逗人一乐，或为表示与朋友之"亲密"，乱用尖刻词语，尽情挖苦嘲笑讽刺朋友，大出其洋相以搏人大笑，获取一时之快意，竟不知这样做会大伤和气，使朋友感到人格受辱，认为你如此可恨可恶，后悔误交了你这个朋友。也许你还不以为然，认为朋友之间开个玩笑何必当真，殊不知你已先损伤了朋友之情。所以，与关系比较好的朋友相处，尤其在众人面前，应和蔼相待，互敬互慕互尊，切勿乱开玩笑，用恶语伤人。

可以豪爽，但要有态度

与人交往时，豪爽固然是一件好事，但态度过于随便的人却难以获得朋友的尊敬，而且这种性情的人还会给自己的生活增添一些麻烦。比如，他们由于说话不注意分寸常常会惹长辈生气；不顾场合地开玩笑，无意间会伤害朋友。另外，对待身份和地位比你高的人采取这种毫无顾忌的态度，则会使对方觉得你没有涵养，不值得尊重；对待身份和地位比你低的人时态度过于随便，也容易使对方误解，会让对方以"哥们儿义气"相待，甚至提出过分要求。开玩笑的情形也是如此，如果你凡事都喜欢开玩笑，即使在讲严肃的话，也很难让人相信。

个性豪爽的人虽然比较好相处，但要受朋友尊敬，就应该善于利用这种豪爽。以我们自己的生活体验，在一些娱乐性的场合，我们经常会想起邀请这类人加入。比如，因为那个人歌唱得很好听，我们感觉和他相处得很愉快；或者因为某人舞跳得很好，所以我们乐意找他去参加舞会；或者因为他喜欢讲笑话，非常有趣，所以我们高兴约他一起去吃饭……"

人们之所以乐意在这些场合找他，主要是为了娱乐的需要，但是，如果人们只是在这种时候才想到他，这并不是一件什么好事，这也不是在真正肯定一个人，反过来有可能是在贬损他。至少一个只有娱乐这方面"优势"的人，是不会被他人委以重托的，因而也不会受到人们发自内心的尊敬。

如果一个人仅以一方面的特长去获得朋友的友谊，这样的人其实是没有什么价值可言的。由于他不具备其他特长，或者不懂得如何来发挥其他方面的优点，他也就很难受到他人的尊敬。记住：一个重要的处世原则就是，不论在任何时刻、任何境地，都要保持一种"稳重"的生活方式和处世态度。

那么，到底怎样才是具有稳重的态度呢？所谓具有稳重的态度，就是在待人接物中要保持一定的"威严"。当然，这种带有一定威严的态度与那种骄傲自大的态度是完全不同的，甚至可以说是与之完全相反。这种反差就如同鲁莽并不是勇敢的表现，乱开玩笑并不是机智一样。我们这样说，并无意去贬低那些具有骄傲自大态度的人，但是傲慢、自负的人确实很容易惹朋友生气，甚至让朋友嘲笑或轻蔑。

你应该同那些故意将物品价格抬高的商人打过交道吧！对待这样的商人，你也会绝不心软地把价格杀低，这与我们在对待喊价合理的商人的态度截然不同，对待后一类商人，我们是绝对不会刁难他们的。同购物的情形类似，我们对待那种傲慢自负的人，要么会将他自我标榜的"价码"拉下来，要么轻蔑地看他一眼，然后远离他而去。

一个具有稳重态度的人，是绝对不会随便向别人溜须拍马的；他也不会八面玲珑，四处去讨好他人；更不会去任意滋事造谣，在背后批评别人。具有这种态度的人，不仅会将自己的意见谨慎清楚地表达出来，而且还能平心静气地倾听和接受别人的意见。如此待人处世的态度，就可以说是一种具有稳重的威严感的态度。

这种稳重的威严感也可以从外在表现出来，即在表情或动作上表现出郑重其事的模样。当然，如果你能在此基础上再加上生动的机智或高尚的气质这种内在的东西，就更能增进你的尊严感。相反，如果一个人凡事都采取一种嘻嘻哈哈，对任何事都无所谓的态度，在体态上总是摇摇晃晃，显得极不稳重，就会让人觉得你十分轻浮。如果一个人的外表看上去非常威严，但在实际行动上却草率之至，做事极不负责任，这样的人也仍然称不上是一个具有稳重威严感的人。

第六章

职场心理学

改掉工作中的一些不良习惯

良好的习惯对我们的工作、生活都会有帮助，这是我们前进的基石；不良的习惯则是我们前进的绊脚石。在职场生活中，懂得自我管理的人，不但深受老板赏识，而且也会是办公室里最有人缘的职员。

身在职场不可以任性妄为，那些不良习惯更应丢弃掉，不要让不良习惯伴你同行。反之，应让好习惯常伴你左右，这样，你就可以在职场中轻松获胜。以下就是一些职场生活中的不良习惯：

（1）当众体内发出各种响声

生活经验告诉我们，任何人对别人发自体内的声响都不太欢迎，甚至很讨厌。诸如咳嗽、打喷嚏、打哈欠、打嗝、响腹、放屁等。当然，这些声响有的只在人们犯病或身体不适时才有，例如，打喷嚏常常是在一个人患感冒的时候才发生。当出现这种情况时正确的做法是，用手帕掩住口鼻以减轻声响，并在打过喷嚏后向坐在近处的人说声"对不起"以表示歉意。但是，有的也是由于习惯所造成，主要是因本人不重视、不关心别人的心理所致。比如，有些人在大庭广众之下，连连哈欠或者放屁，竟然也不脸红。像这样就是很不好的习惯了，应当注意改正才是。

（2）当众搔痒

大家都知道搔痒的举动不雅。搔痒的原因通常多是由于皮肤发痒而引起的，有时奇痒难忍。其中有些属于病理的原因，例如，体质过敏、皮肤发疱疹；有些属于生理的原因，如老年人因皮脂分泌减少，皮肤干燥，也容易产生搔痒。在出现这类情况时，当事者要按所处的场所来灵活掌握。如处在极严肃的场合，就应稍加忍耐；如实在忍无可忍，则只有离席到较隐蔽的地方去搔，然后赶紧回来。因为不管你怎样注意，搔痒的动作总是不雅观的，还是避人为好。然而，一些人爱搔痒纯粹是出于习惯并且毫无意识，只要没事就不断用手在身上东抓西挠，这种习惯更为恶劣，应尽量克服。

（3）吐痰未入盂

随地吐痰是一种令人侧目的坏习惯。有些人由于积患较深，随意将痰到处乱吐。甚至在木地板上也如此，这确实是种令人作呕的不文明行为。随地吐痰之所以惹人厌恶，不仅由于痰是脏物，吐在地上会直接弄脏地面，而且还会污染环境，传播疾病，损害许多人的健康。所以，文明的做法应当是将痰吐入痰盂；如果周围没有痰盂，就应到卫生间里去吐痰，吐后立即用水冲洗干净。

（4）四处发嗲

一样在职场打拼，小姑娘遇到困难，撒撒娇就能蒙混过关，这样的例子，见多不怪；可要是撒娇过分了，就有点让人厌恶。

下面是一位女白领讲述的亲身经历：

一次客户请吃饭，和一位陌生的妙龄女郎同坐。见她无人搭理，便和她聊了几句。刚夸一句："你这件衣服蛮好看……"女郎立马两眼发光："好看吗？我男朋友陪我买的。他人很好的，陪我逛街，替我付账，还帮我拎包，连一句骚都没有。他昨天陪我到凌晨3点才回去的，我一直让他走，他说过几天要加班，大概没空陪我，死活不肯早回去……"好不容易停下来，她就差没说出男朋友的月薪了。

散席后，与这位女郎同乘地铁。女郎喝了几杯葡萄酒，站立不稳。隔壁车厢还有空位，同行者都劝女郎去坐，女郎轻摆着手，娇嗔地说道："没事的，站一会儿就好了。"话音刚落，地铁猛地一晃，女郎踉踉跄跄跌进了我的怀中！这一跌，女郎索性粘在我的身上，把脸颊埋在我的肩头。车厢里各色目光纷纷投来，尴尬得我不停地擦鼻尖上的汗。地铁停后，谎称到站，狼狈逃离。后来，客户再请吃饭，这位嗲女再也没出现过——因为太多人"投诉"她了。

（5）满口脏话

我们切不能认为说脏话是一个"新潮"的象征，盲目"跟风"。一个人的言谈可以体现出一个人的素养，满口脏话的人不管在哪儿都会招人厌恶。

（6）借酒装疯

在生活或工作中，有不少人平常沉默寡言，三杯黄汤下肚就喋喋不休，有时候是唠唠叨叨地抱怨个没完，有时候是打架闹事……酒醒了之后又对自己这种举动后悔不已，像只斗败了的公鸡。

像这些一喝了酒就胡闹的家伙，他们的自制力已经完全被酒精给麻痹了，等到酒精的作用退去了之后，根本就不记得自己说过或做过什么。然而，被你的酒疯所骚扰的对方，可未必跟你一样醉得一塌糊涂。

俗话说："酒后吐真言"，你在发酒疯时所说的每一句话，对你而言也许是"醉话"，但对方看来，却是"肺腑之言"。

酒醒之后，你可以不必对自己酒后的行为负责任，但对方可不会忘记你所说过的话。

有些酒品不好的人甚至会在喝醉酒的时候，大肆批评自己的老板。这些"醉话"一旦传到老板的耳朵里，最容易引起老板的猜忌与痛恨，结果不是被老板叫来斥责一顿，就是被老板辞退，因小失大。

(7) 表里不一

老板因为有会议或出差而不在的时候，办公室气氛自然会显得比较轻松。这时候，有的人大声谈笑；有的人批评老板的不是；有的人甚至大摇大摆地坐在老板的位置上大放厥词……

所谓"阎王不在，小鬼当家"说的就是这个情况。

平常表现得唯唯诺诺，只有在这个时候才摆出作威作福的样子，这种人和可怜虫没什么两样。

表里如一并不是很难做到的。事实上，不论什么时候都须保持相同的做事态度，这样才能得到真正的快乐。

给领导一个认识你的机会

许多刚步入职场的年轻人比较腼腆，或清高，或害羞。如果不是向领导交报告，他们决不会到领导办公室去坐上一坐，谈上五分钟；召开部门会议时他们总是坐在离领导最远的地方，既不提建设性意见也不提批评意见，即便领导点名令他发言，他也仅是仓皇结束与领导的四目交接，讷讷地附和别人；甚至，在公司安排年假旅游时，领导一再声明要与大家尽情游乐，彼此放下职位等无形约束，他们仍显得拘谨或者清高，不想与领导分享同一只木排或橡皮艇。他们总是与"群众"在一起，言谈之中，他们似乎还非常鄙薄那种亲近领导，亲近权威的行为。然而，很不幸，这些在领导的印象中总是"朦朦胧胧说不出好坏"的基层职员，总是缺少申明自己看法、发挥自己才华的机会，他们总是显得怀才不遇、郁郁寡欢。在议论中，他们会抱怨领导没有识人的眼力。其实，老练的人都知道，任何人的观察范围都是有限的，领导面对的是一个静默而强有力的集体，发挥出这个整体的优势才是他昼夜要考虑的；至于识不识人，首先在于这个有才华的人自己是否甘于坐到权威面前去，展示自己不为人知的一面。

也就是说，你要给领导一个机会认识你，然后才能合理地派遣你到最合适的位置上去。你要成功，在面对权威时，自己首先要放下那副"有才华的老百姓"的架子。

在亲近权威的历程中，有些细节是不能不注意的：

（1）不要以一个争辩者的形象出现

任何明智的领导人都欢迎不同意见，但都反对把时间无谓地花在争辩上。"不要争辩"被写入了许多权威的行为准则中，搞企业、用人，都不需要争辩中的对立情绪。所以，如果你有机会面对面地提出不同意见，需记住不要以"拍案而起"的方式，而要在幽默而尖锐的氛围中一针见血地提出来，要懂得在这其中维护权威或领导同样敏感的自尊心，要诙谐而策略地提出反对意见，最好让领导在笑声中接受。

（2）要重视用工作成绩来说话。更要重视对领导的"私人关怀"

作为明智的领导，当然欢迎坐到他面前来的员工都是竞争中的强者，但他同样不希望他们递上公文夹就走。高处不胜寒，一名领导人要承受的压力和孤独是无法言喻的，这背后也许包含着诸多动人的"私人故事"，例如，他被迫不能家庭和事业兼顾；例如，他最终成了每月只有一次机会探望儿女的"成功人士"；例如，他最终为事业上的倾注而付出了代价——他的健康状况堪忧。即使身为老板他也找不到能分担苦恼的人，因为，他已被人们的想像熔铸成精神上的"钢铁战士"。所以，领导也需要关怀。世事就是这么奇妙，很多人先在私人生活上安抚了处在强者位置上的领导，然后，他们意外地获得了成功的机遇。记住：领导也急需来自下属兼朋友的"私人关怀"。

（3）偶尔可以犯些无伤大雅的小错误

从本质上讲，谁都不希望有才华的人不露破绽。领导也是如此，如果你在才华之外谨小慎微，滴水不漏，领导也许会怀疑你对他而言是潜在的威胁。这种亲近之举可能对有野心、一心干事业的领导没好处，所以不如在领导面前犯些无伤大雅的小错误，借机展示"本真的你"，而在领导心中取得信赖。

（4）私下多年和领导接触

接受来自领导的非公务意义的邀请当然会引发一些议论，甚至，在你被点名去陪患有肩周炎的领导打几局乒乓球时，整个公司已盛传你将要被提拔的消息了。但你是否要因此打退堂鼓，推掉这一可以全面展示自己的机敏、活力、自信风采的机会呢？事实上，你正可以在这一非公务意义的邀请中展现自己的说服力。

不要忘了领导不一定会在正式场合中观察人，在正式场合中，人人都正襟危坐，面目模糊，而在与领导单独接触的私人氛围中，他们各自的目的性和为人做派就呈现了出来，比如阿谀之人在这种场合会很紧张，琢磨怎样的对阵结局是领导最喜欢的；磊落之人却可以放开手脚来打乒乓球，这一切，相信都逃不过识人者的眼光。

（5）别怕流言蜚语

如果你与领导的关系密切，你就有可能会失去群众基础。你被委以重任之后，一些原先的朋友会疏远你。也许是出于嫉妒，也许是出于旁的什么原因，他们会散布对你不利的流言，比如说，说你是上层的"关系户"。但最终每个人是凭自己的能力与才华说服人的，如果你受到提升，而且胜任那个职位，流言就会云开雾散。

我们不能操纵别人的议论，但我们可以用自己的智慧。面对现实，任何非议都站不住脚。所以，你要成功，先不要畏于人言。只要你不是谄媚之徒，真相最终会还你清白。

关键是先抓住成功之梯的第一级：让权威肯定你，认识你。

与领导的相处之道

你的领导是你工作生涯中关键人物，手握"生杀大权"，因此你要学会与领导的相处之道。如此，你工作起来就会比较顺利，所处的工作气氛就会变得融洽。

有些领导喜欢把他们的主管卡得死死的，不对其放权；有些领导则放任自流，放手让主管们去干。因此，你要找出你领导的风格来。什么让你感到最为舒畅？这其中并不存在什么是与非的问题，这只是为了要把你的工作和你领导的管理风格更好地统一起来。知道这一点很重要，因为对你来说，先入为主地设定好你喜欢的领导的类型是件很自然的事。人们对权威有不同的理解和要求，对别人合适，对你却不见得有用；反之，对你有用的，在别人身上则不一定行得通。

如果你与你的领导同为男性，你要记住，他是否一开始就对你满意，有赖于你和他的熟悉程度。你们有什么共同爱好吗？是不是喜欢同一种运动？还是有相同的教育背景？有些领导相对喜欢那些和他们有许多共同之处的下属；而有些，则喜欢他们的下属有异于他们本人，以便互补。比如说，如果一个领导认为他最大的毛病就在于不注意细节，那么，他也许会希望有个在细节上绝不马虎的人来为他工作。

如果你是男性，而你领导是女性，你最好了解一下对那些事业型女性固有的偏见，如果你自己心存偏见的话，这也许会在你和她的接触当中表现出来。谈一谈这些看法，也许会对你有帮助。

如果你和你的领导都是女性，那么，你是不是希望她对你"仁慈"一些呢？但如果她没有，你也不必因此而不满。你可以通过加倍地努力工作，为职场女性增光，让她也觉得有面子。

如果你的领导是男性，你是女性，千万不要"卖弄风情"，注意和你领导保持工作关系，保持你工作的高水准，尽可能地自己处理问题，不轻易寻求他的帮助，故作可怜姿态。不要和领导谈论私事。

为了确保按质按量地完成领导布置的工作，接受任务以后，一定要注意和领导沟通。与领导进行沟通，一定要做到以下几点：

（1）理解领导希望你做什么

如果你自己都不理解领导让你做什么，那你就不能正确地完成工作，更无法把这些指示传达给周围的协作者。如果指示中存在任何问题或者不明确的地方，在行动之前先问清楚或得到澄清。经过缜密思考后提出来的问题，不仅能使你自己对需要做什么有更好的理解，还常常导致领导对最初指示的作出一些改动，因为领导也需要仔细考虑自己所提出的要求。花几分钟时间弄清指示可以节省很多不必要的时间，并确保工作的顺利进行。

（2）成为被工作需要的人

任何一家公司用人实际上是一种投入，有投入就要有产出，就要能够给公司创造出价值。经验是一种财富，对公司来说，不需要培养就可以直接上手工作，同时还带来了新的方法和技术，有时候给公司带来的效益是不可估量的。但是，有经验的人往往已经形成了自己的工作习惯，到一个新的工作环境有时候会发生抵触，反而会降低工作效率。

毕竟每个人不可能从生下来就有经验。所以在经验方面欠缺，但很有想法，反应敏捷，易于配合等，如果给一定的时间完全可以胜任工作，公司会接受这样的人进行培养。小型公司往往会招聘有经验的人，为了给公司直接带来效益；而大的公司会专门招聘有潜力的人，通过培养锻炼成完全符合公司要求的人才。

忠诚的人同样是工作需要的人。"忠诚"并不是跟领导搞好关系，也不是唯命是从，而是你是不是真心地在为企业着想，这个"着想"不仅是体现在要给企业出多少好的主意，为企业做多么大的业绩，也可以体现在每一件小事当中。另外，完成工作任务的及时性，完成工作的认真程度，都是一种忠诚的表现。

（3）确保工作方案具体明确

一个非常笼统的指示还不如一个可口的三明治。三明治至少还可以吃，但是笼统的指示让你根本无从下手。而且笼统的指示可以作出各种解释。这样从领导的角度上看，其结果永远会事与愿违。所以，一定要避免来自领导的笼统指示，确保自己的工作方案具体明确。

（4）在一定范围内，提出与领导不同的意见

这又是一个关于服从的话题。对自己来说，在做事的方法上与领导的观点不同是可以被接受的，但这不是目标本身。你是执行公司决定的人，完全有权力讨论如何有效执行某一计划的具体细节问题。但是，你不是计划的制定者，因此，任何涉足这一领域的尝试都被看作是消极的。或许，那个"愚蠢计划"正是另外一个"成功计划"的组成部分。

（5）确保工作资源完备

工作中的资源配置，和战场上的后勤给养是一样重要的。为了从事所要求的工作，在资源方面必须与领导获得一致意见。你可能被告知某项任务极为重要，而后却被斥责在完成这项工作方面花费了过多的时间。所以，在工作进行前一定要确保工作资源完备，而且要让领导切实分配工作资源，而不是口头承诺。

（6）知道领导希望在什么时候看到工作结果

知道希望在什么时候看到工作结果，就在那个时候给他一份工

作报告。企业沟通有两种流向：自上而下和自下而上。向领导汇报工作与活动的结果是你的一项重要任务，而这就是最重要的自下而上的沟通。所有工作的目标只有一个：理解领导希望你完成什么工作，并将这些任务的完成情况反馈给他。

获得领导支持的方式

有些人争取领导的支持很容易，有些人却觉得很难。其实，能否得到支持，关键在于申请的方法。你得不到所需的支持，通常有两个原因，一是你认为领导不会给你更多的支持，所以不想费劲；二是申请的方法不妥。正确的申请方法包括如下四个步骤：

（1）准备申请

首先确定你到底需要何种支持，是人事信息还是物质支援？接着确定所需的数量及价值。你必须弄清申请支持的原因及没有支持的后果。比方说：你从事监视控制工作，需要一台小型计算机，其价值不超过 5000 元，有了它你能一边监视一边记录对象的活动，以更好地完成报告。没有它的后果是：整理报告时有些事已经忘了，这些遗漏的信息损害了顾客的利益，也损害了公司自身的利益。

还可以从领导、你及其他角度列举领导应给你支持的理由。比方说：你有了计算机就能在监视对象很活跃时，能够记住所有的细节和准确的时间，从而使报告更准确。此外，还可以对报告修改、补充。当你做完这件事时报告也写好了。这比事后花一整天回忆事情的时间、地点，再写报告高效得多。此外，当你心不在焉时计算机还会提醒你。

收集反馈信息驳倒上级。比如：小李从事能力调查，使用一台小型计算机已有 6 个月，对它不是很满意。领导可能会说："如果你想换一台计算机，其余八个人也会想换。"你可以说："如果每人都依靠性能好的计算机写出更准确的报告，花更多的时间监视，为公司增加收入，那么何乐而不为呢？"

最后写一份申请书，包括每条理由的摘要。如果必须拨款，就在申请书的末尾署明日期并留下签名线，然后在领导方便时找他面谈。

（2）提出申请

先同领导谈谈工作中遇到的问题，分析其产生的原因，指出你作过努力但毫无效果，向领导提出请求，标明具体项目及价值。

如前例所言，你可以这样申请：

"非常感谢有机会与你谈我的工作。有个问题，我作过许多努力，但还是未解决。每周我监视四五天后就得花一整天去回忆往事，写出报告，既易遗漏又费时间。我曾试着每晚回家之后就写好当天的报告，但这种方法不适合我，因为我还要做其他的事。但如果你能配给我一台计算机，我就能准确地写出报告，增加监视时间，为公司增加收入。一台这样的计算机不到5000元，希望尽快买一台让我试试。"

（3）讨论申请

观察领导的反应，回答他的问题。用你收集的证据推翻他反驳你的理由，分析利弊得失，力争得到领导肯定的答复。可以这样同领导讨论你的申请。

你：你认为怎么样？

领导：我相信你所说的。但假如你像小李那样每晚写好报告，就不必花一整天了。

你：我像他那样干过，可不适合我。其余八人也和我一样。

领导：如果我给你买一台，另八个员工也要，那将要花4.5万元。

你：不错。但如果你给我们每人买一台计算机，每周就能增加9

天的收入，一个月可新增加 7200 元，而且你不必再雇一名调查员了，因为一个月公司可节约 36 个工作日，已超过一个调查员的工作量。

领导：好，我买一台试试，如果真有那么好的效果，将再买八台。

（4）推销你自己

感谢领导给你的支持。你可这样说："感谢您同意我的申请，今后我将更加合理地安排时间，提高报告的准确性，我们将获得更多的利润。请您尽快买来计算机，一旦获得成功，我将告诉其他员工，这是因为您明智地选用了计算机。再次感谢您的支持！"

给领导提建议要讲究方法

李莉在某公司工作已经五年有余，人很精干，并且在公司的业务上颇有建树，但始终没有被提升。终于在某一天，她为此事与领导争论起来。

这位女士后来回忆道："在争论中，我们互不相让，气氛十分紧张，然而这次唇枪舌剑之后不久，我就不得不离开那家公司了。"

非常遗憾，李莉没有遵守同领导打交道的基本规则：没有把握取胜，别轻易向领导"开战"。不过这并不意味着应当尽量避免与领导冲突。对一位不甘寂寞的下属来说，至关重要的恰恰不是唯唯诺诺，而是把自己的不同见解恰到好处地向领导表明。而避免矛盾，只能暂时奏效，如长此以往，下属吃不香睡不甜，遭受打击，领导则耳不聪目不明，指挥无当。

如何才能做到既能很好地提出建议，而又不冒犯领导呢？以下几条规则对那些想给领导提建议的人有一定的参考价值。

（1）选择时机

在找上级阐明自己不同见解时，先向秘书了解一下这位上级的心情如何，这是很重要的。

即使这位领导没有秘书也不要紧，只要掌握几个关键时间就行了。当领导进入工作最后阶段时，千万别去打扰他；当他正心烦意乱而又被一大堆事务所纠缠时，离他远些；中饭之前以及度假前后，都不是找他的合适时间。

（2）先消了气再去

如果你怒气冲冲地找领导提意见，很可能把他也给惹火了。所以你应当使自己心平气和。尽管你长期已积聚了许多不满情绪，也不能一股脑儿抖落出来。应该就事论事地谈问题。因为在雇主的眼里，一个对企业持有怀疑态度，充满成见的雇员，是无论如何也无法使他重鼓干劲的，这个雇员也就只能另寻出路了。

（3）鲜明地阐明争论点

当雇主和他的下属都不清楚对方的观点时，争论往往会陷入僵局，因此雇员提出自己的见解时必须直截了当，简明扼要，能让上级一目了然。

在纽约城财政部门任职的一名科长克莱尔·塔拉内卡很少与上级有摩擦，但并不是说她对领导百依百顺，她会把自己的不同意见清楚明了地写在纸上请领导看。"这样能使问题的焦点集中，有利于领导去思考，也能让领导有点回旋的余地。"她说。

（4）提出解决问题的建议

通常说来，你所考虑到的事情，你的上级早已考虑过了。因此如果你不能提供一个即刻奏效的办法，至少应提出一些对解决问题有参考价值的看法。

（5）站在领导的立场上

要想与上级相处得好，重要的是你必须考虑到他的目标和压力，如果你能把自己摆在上级的地位看问题、想问题，做他的忠实合作者，上级自然而然也会为你的利益着想，有助你完成自己的目标。

学会主动和领导沟通

除了最高层领导外，每个员工都有领导。如果你的工作完成得很好，你的业绩也不错，但你的领导却有可能不喜欢你。因为你只知道埋头做自己的工作，却不注意和领导沟通，没有关注领导怎么看你。所以，不管你是什么样的职员，都要知道怎样让你的领导喜欢你，器重你，提拔你。想要获得这样的效果，你至少要注意和领导的沟通，具体可依照下面提供的建议去做：

（1）主动报告你的工作进度

领导的心中往往有些疑虑：下属每天好像都很忙，但又不知道他们在忙些什么，又不好意思经常去问。因而做下属的一定要主动报告自己的工作进度，让领导放心，不要等事情做完了再讲。有时小小的一点错误，发展到后面就会变得很大，所以最好早早地向领导汇报你的工作进度，一旦有错误，他可以及时地纠正你，避免犯大错误。

作为一个下属，你有多少次主动向领导报告你的工作进度？须知，经常地向领导报告，让领导知道你的工作进度，让他放心，才能让他继而对你产生好感。对领导来说，管理学上有句名言："下属对我们的报告永远少于我们的期望。"可见，领导都是希望从下属那里得到更多的报告。因此，做下属的越早养成这个习惯越好，领导一定会喜欢你向他报告的。

（2）回答领导的询问时要做到：问必答，答必详

许多员工在回答领导问题时不太注意回答方式，一些回答方式可能让领导暗地里觉得受不了。"张小姐，昨天下午说过的那个报表今天一定要交给我。""知——道——了，老——板，你没看到我在写吗？"如果下属这样子回答领导的问题，领导可能当时不说，但一定会非常的不喜欢。也许就因为那天你的言语让他不舒服，导致他对你心生厌恶。

如果领导问你话，一定要有问必答，最好还是问一句，答三句，让领导清楚地了解情况。你回答的比领导问的要多，可以让领导放心；若你回答的比领导的问话还要少，则会让领导忧虑，这不是一个员工聪明的做法。

回答领导的问题时，有一件小事不能随便。领导进来问我们话时，我们立即站起来回答是基本的礼貌，很多人没有这种习惯，领导问话时依然稳坐钓鱼台。这一点，日本的公司员工做得很到位。日本领导在问下属问题时，下属通常都是马上站起来回答。通常我们中国的员工对领导讲话不够礼貌，更不要说有问必答而且回答得清楚了。这虽然是个小细节，但想要让领导喜欢你，满意你，在这上面还是不能随便的。

（3）学习领导的能力，了解领导的语言

做下属的，脑筋要转得快，要跟得上领导的思维。

他能有资格当你的领导，肯定有他自己的一套方法，有比你厉害的地方。因此，你不仅要努力地学习知识技能，还要向你的领导学习，这样才会听得懂领导的言语。当他说出一句话时，你能知道他的下一句话要讲什么吗？这就需要你知道他的言语，能够跟得上他的思维。若不努力地学习领导的优点，那当你的领导已想到十年之后的发展宏图，你才看到下个月的计划时，你跟他的差距就会越来越大，此时，想要他重用你、提拔你是不可能的事情。

不想当将军的士兵不是好士兵。做员工的想超越他的领导，是

非常可贵的精神。员工想要超越自己的领导却并非易事，想要超越自己的领导，首先要学会领导的本事，然后再谈超越。你若连领导的那一套都没有学会，何谈超越呢？因此，一名优秀的员工要不断地向你的领导学习，充实自己，才会提升自己，获得领导的赏识和提拔。

（4）对自己的工作主动提出改进意见

这是最难做到的事情。如果你的领导说："各位，我们来研究一下，工作流程是否可以改进一下？"严格来说，这样的话，不应该由你的领导来讲，而应该由你或其他员工说出。所以每过一段时间，你应该想一下，工作流程有没有改进的可能？如果你才是你工作的专才，而你的领导不是，却由他提出了改进计划，想出了改进办法的话，你应该感到羞愧。

你敢说你的工作流程都很完善？事实上，任何一个工作流程都不是十全十美的，都有改进的可能。最糟糕的是大家都无所谓，安于现状，不对它进行改进。一个组织没有进步，这点是重要的原因。大家都不想改善，而你却做到了，你就同他人不一样，领导也会喜欢你，看重你。

维护领导的面子

中国人酷爱面子，视面子为珍宝，有"人活一张脸，树活一层皮"的说法。领导者则尤爱面子，很在乎下属对自己的态度，往往以此作为考验下属对自己尊重不尊重、会不会来事的一个重要"指标"。

从历史上看，因为不识时务、不看领导的脸色行事而触了霉头的人并不在少数，也有一些忠心耿耿的人因冲撞了领导而备受冷落。

面子和权威之所以如此重要，根本原因在于它们与领导的能力、水平、权威性密切挂钩。得罪领导与得罪同事不一样，轻者会被领导批评或者大骂一番；重者可能会遭到打击报复，暗地里被穿小鞋，甚至会一辈子压制一个人的发展。

现实中一些人有意无意地给领导丢面子、损害领导的权威，不慎言笃行。熟不知，一旦冲撞了领导，就会影响你事业上的进步和发展。

为维护领导的面子，必须做到以下几点：

（1）领导理亏时，给他留个台阶下

常言道："得饶人处且饶人""退一步海阔天空"。对领导更应这样。领导并不总是正确的，但领导又都希望自己正确。所以没有必要凡事都与领导争个孰是孰非，得饶人处且饶人，给领导个台阶下，维护领导的面子。

（2）领导有错时，不当众纠正

如果错误不明显且无关大碍，其他人也没发现，不妨"装聋作哑"。如果领导的错误明显，确有纠正的必要，最好寻找一种能使领导意识到而不让其他人发现的方式纠正，让人感觉是领导自己发现了错误而不是下属指出的，如一个眼神、一个手势，甚至一声咳嗽都可能解决问题。

（3）不"冲撞"领导的喜好和忌讳

喜好和忌讳是人们多年养成的心理和习惯，有些人一直都没有注意到这些方面。

（4）给领导争面子

懂得心理学与做事技巧的下属并不是消极地给领导保留面子，而是在一些关键时候、"露脸"的时刻给领导争面子，取得领导的赏识。

悉心听取领导的批评

日本大企业家福富先生，年轻时做服务生常常受到领导的训斥甚至责骂，但他把批评当作一次机遇，总是力求从中学会一点东西，知道一些事情。后来一遇到领导，福富绝不会像老鼠见了猫一样惊慌地逃走，他会掌握机会，立即躬身向领导行礼并打招呼，并谦恭地问道："我难免有不周到的地方，请多指教！"这时，碍于情面，领导必定要以长者的风度，指出他许多需要留神和注意的地方。他在洗耳恭听以后，马上按领导的吩咐做事，改正自己的不足和缺点。他之所以能主动地向领导请教，是因为他多了一个心眼，鉴于自己年轻，没有资历，才疏学浅，是难得有机会和领导接触的，而交谈是一个表现自己、掌握对方底细的难得的时机，而他正是抓住了这一时机，而且把它运用得恰到好处。

当领导视察工作的时候，既是检查自己的时候，也是借机请教的有利时机，一则可以表现自己的好学，二者也是一种实实在在的自我推销。所以领导对福富的印象就要比其他员工鲜明和深刻，两人熟悉后，领导每次见到他都直呼其名，显出了对其他员工没有的亲切。

功大不负有心人。两年以后，有一天领导对福富说："通过长期考验，我看你工作勤勉，勤奋好学，又很会听取别人的意见，从明天起，你就是我的部门经理了。"就这样，一个年仅19岁的毛头小伙子一步登天成了经理，待遇也比从前有了较多的提高。被人指责和训斥，从实质上看，是在接受一种方式上颇为特别的教育。对于领导的一年365个教悔，福富至今还念念不忘，感谢之情溢于言表，在一定程度上，正是领导指引他走上成功之路的。

能经得起训斥，不是一件简单的事，起码应该有一定的涵养，要在态度上极为虔诚才行。在被指责或者训话时，不但要专心倾听，听完了后，还要以心悦诚服的口吻说："是的，我明白了，马上按你的指教去做。"

倘若你心理脆弱，脸皮太薄，又极好面子，遇到领导大发脾气，显得紧张不安，甚至出现不满的脸色，领导会以为你故意和他顶撞，那样，问题就会复杂化。换一句话说，当你静下心来，静静地接受批评和训诫，倾听教诲，并保持彬彬有礼的样子，显示出亲近和尊敬，无疑会给领导一个良好的印象，这对你和领导的关系有百利而无一害。

如果你因为在公众场合受到了领导的训斥感到非常没面子，有损于自我尊严，怨恨上级。你应该换一个角度来思考这个问题，领导是在以一种特殊的方式教导你，栽培你，让你有一个好的前程。而且在众员工里面，唯有你才堪当此重任，正所谓"天将降大任于斯人也，必先苦其心志，劳其筋骨，饿其体肤"，多受训诫，方能在责骂声中成长，于是才有一个辉煌和锦绣的前程。领导训斥你，开导你，是对你充满着期待，最没有出息的人，往往是最容易被领导忽视的人。

有的时候，领导批评你是对你还抱有希望的一个信号。工作中有什么失误，或自身存在缺点，领导对此熟视无睹，这说明领导对你不够重视。无论是公开场合，还是单独交谈，领导期望式地指出你的不足和缺点，是认为你是一个可造之才，所以才对你倍加爱护，及时纠正你的缺点。面对这种期望式的批评，尤其是年轻人，常常容易产生错误的想法，认为领导偏心，只看到你的缺点，看不到你的优点，从而耿耿于怀，这样不仅辜负了领导的一片良苦用心，也不利于自己的成长。实际上，你的成功和优点，领导心里非常清楚，为了使你更出色，或为了避免你产生骄傲的情绪，才这样鞭策你，所谓"恨铁不成钢"就是这样。因此，面对这样的批评，你应该及时向领导请教，汇报自己的学习和工作体会，与领导多加探讨，求领导指点迷津，取得领导的信任和厚爱。

不要替领导作决定

身在职场，要想真正成为领导靠得住、信得过、离不开的得力助手，就必须清楚办公室工作的特点，找准自己的位置。对待领导最重要的一条——献策，而非决策。代替领导作决定，这是领导最忌讳的。

懂得在办公室为人处世的艺术极其重要，特别是说话。说话谁都会，但把话说得动听，通过说话给别人留下良好印象，却未必是每个人的专长。在和领导相处的过程中，更要懂得如何去说话。

领导是公司的最高决策者，掌握着"生杀大权"。如何正确把握和领导说话的分寸，相信是职场中人都要思考的。这其中，最重要的一点就是不要代替领导作决定，而是要在领导的同意下，针对其工作习惯和时间对各种事务进行酌情处理。

沈媛年轻干练、活泼开朗，进入企业不到两年，就成为主力干将，是部门里最有希望晋升的员工。一天，部门经理把沈媛叫了过去："小沈，你进入公司时间不算长，但看起来经验丰富，能力又强。公司即将推出一个新项目，就交给你负责吧！"

受到公司的重用，沈媛自然欢欣鼓舞。正好这天要去上海某周边城市谈判，沈媛考虑到一行好几个人，坐公交车不方便，人也受累，会影响谈判效果；打车一辆坐不下，两辆费用又太高；还是包一辆车好，经济又实惠。

主意定了，沈媛却没有直接去办理。几年的职场生涯让她懂得，遇事向上级汇报是绝对必要的。于是，沈媛来到经理办公室："领导，您看，我们今天要出去，这是我做的工作计划。"沈媛把几种方案的利弊分析了一番，接着说："我决定包一辆车去！"汇报完毕，沈媛满心欢喜地等着赞赏。

但是却看到经理板着脸生硬地说："是吗？可是我认为这个方案不太好，你们还是买票坐长途车去吧！"沈媛愣住了。她万万没想到，一个如此合情合理的建议竟然被驳回了。沈媛大惑不解："没道理呀，谁都能看出来我的方案是最佳的。"

在上述的案例中，问题就出在"我决定包一辆车"这句自作主张的话上。沈媛凡事多向上级汇报的意识是很可贵的，但她错就错在措辞不当上。在上级面前说"我决定如何如何"是最犯忌讳的。如果沈媛能这样说："经理，现在我们有三个选择，各有利弊。我个人认为包车比较可行，但我做不了主，您的经验丰富，您帮我作个决定行吗？"领导若听到这样的话，绝对会做个顺水人情，答应她的请求，这样才会两全其美。

时刻不要忘记，领导才是公司的最高决策者，无论事情的大小都有必要听取他的建议，绝不可擅自作决定。

员工的工作归根结底是为公司的利益，也完全围绕着企业的管理者展开。因此需要了解领导的工作风格、工作方式、工作重心及紧急程度，了解领导的人际网络，理解他的工作压力。忌急躁粗暴，多倾听和征询领导的意见和建议，少做一些不容辩驳的决定和争论。即便你可能是对的，即使面对能力不强的上级，同样要保持尊重，不要擅自行动和作决定。和领导保持良好的沟通，就要对领导的地位及能力永远表示敬意。

领导也有自己的性格。对待不同性格的领导，你都要保持耐心与宽容，把你的决定以最佳的方式传达给他，让自己从主动的提议变成被动的接受。这样才能让领导感受到下达指令的乐趣。

让下属无条件地服命令

许多人都知道命令需要执行，制度需要执行，但是谁来执行这些命令呢？当然是下属。领导者只是监督而已，可是怎样才能确保下属的执行力和服从力呢？

作为一名领导者，如果只会用手中的权力命令下属干这干那，那是不明智的，是愚蠢的。其结果是，你的下属只会服从你，却不会喜欢你，你的工作永远是被动的。终有一天，你的下属可能会采取某种手段和措施对工作敷衍了事。关怀他们，或者说用你的人格魅力，让你的下属喜欢你，心甘情愿地为你工作，不失为一种"感情投资"，这种"投资"可体现你较高的领导艺术。

美国陆军名将道格拉斯·麦克阿瑟是一位很会动用人格魅力的军事领导人。1941年11月，美国一位叫刘易斯·布里尔顿的中将去菲律宾出任麦克阿瑟的航空队司令。他回忆说，他刚到旅馆就被邀请到麦克阿瑟的房间，受到麦克阿瑟将军非常热情的接待。

麦克阿瑟拍着他的背，并把胳膊放到他的肩上说："刘易斯，我候驾已久。我知道你就要来，我真是太高兴见到你了。我，乔治·马歇尔和哈普·阿诺德一直在谈论着你……"这次会面给刘易斯留下了极深刻的良好印象。麦克阿瑟不仅将感情倾注于他周围的人，还倾注于最普通的士兵。

第二次世界大战中，他试着给每个阵亡士兵的家属写去一封信，信中表达的是个人对这些伤之士兵的情感。许多家庭回信告诉麦克阿瑟将军说，接到他的个人信件后，对于自己丧子的痛苦感觉好多了。美国一位政治学博士评价麦克阿瑟说："从来没有一位指挥官能付出如此之少却获得了如此之多。正是名副其实的卓越领导才华，使麦克阿瑟以有限的人力、物力做出了如此了不起的成就。"

作为一名领导者，如果经常用直接命令的方式要求下属做好这个、完成那个，这种行为方式会有三种含义：一是命令的目的是要让下属照你的意图完成特定的行为或工作；二是它也是一种沟通，只是命令带有组织阶层上的职权关系；三是它隐含着强制性，会让下属有被压抑的感觉。

其结果是业务部门看起来非常有效率，但是工作品质一定无法提升。为什么呢？因为直接命令剥夺了下属自我支配的原则，压抑了下属的创造性思考及积极负责的心理，同时也让下属失去参与决策的机会；另一方面，直接命令最佳的状况也只能完成领导个人独断的想法，部门的业绩只凭领导个人的表现，无法集思广益、群策群力。

一个成功的领导者在给下属布置工作时会做到以下四点：

一是命令明确。在给下属布置工作时，还要把你的工作命令讲得明确，比如这件工作要求什么时候完成，完成的标准是什么等等，都要讲清楚。命令明确为分清职责提供了条件，当工作中出现了问题时，很容易分清是管理者的责任，还是下属的责任。这样可以防止相互推诿，减少工作中的管理矛盾。另外，它为客观评价下属的工作提供了前提条件。

二是让下属了解事情的全局安排工作时要讲清目的和全局，而不是只告诉他你现在该做什么。有些管理者认为下属干好当前的工作就行了，没有必要了解事情的全局，因为我才是整体调度者，这种观念是错误的。

如果你的下属不了解事情的全局，他只能完全按照你的表面意图工作，不敢越雷池一步。工作中遇到的任何问题他都要向你汇报，因为他不知道如何处理是正确的。这样长此以往，你的下属的工作能力不会有任何长进。让下属了解事情的全局，并且了解其他员工是如何配合的，这非常有利于工作效率的提高。了解了全局，下属就会明白这些事情的做事原则，在一些细节上就会灵活处理。久而久之，下属就会认真地去思考自己的工作，并且会将自己的一些建议和想法告诉你，你不但多了一个好参谋，他的工作劲头也会很足。

三是赞扬下属。每个人都希望得到别人的重视，每个人都希望得到别人的赞扬。赞扬是最廉价、最神奇的激励方式。有些管理者认为：我已经为我下属的劳动付出了工资，没有必要去做这些事情。如果你这样对待下属，你的下属也会这样对待你：公司为我支付了工资，我为公司付出了劳动，所以我没有必要关心公司的前途。如果管理者和员工形成这样的局面，就很难有愉快合作的工作气氛了。

四是诚实和值得尊敬。要想使下属心悦诚服地听从你的命令，你必须诚实并且值得下属尊敬。你的诚实首先表现在你要勇于承认自己的错误，承认错误不但不会降低你在下属心目中的威信，反而会增强下属对你的信赖。

另外，对待下属应该实事求是，如果下属发现他受到了欺骗，则很难再恢复到原有的信任。你的言行必须为下属提供表率，"言必行，行必果"必须是你的做事宗旨。你要求下属做到的事情，必须自己首先做到，否则就不要有这方面的要求。受人尊敬不是一件容易做到的事情，它需要你坚持不懈地提高自身的修养。

下达命令也要讲技巧

下达命令是领导最为常见的一项工作，是职场上常见的一种行为。但是，下达命令也要讲究技巧，否则的话，效果可能会与你预期的大相径庭！

可是，怎样下达命令才会使你的计划能得到彻底的实施，才能使下属积极、主动、出色、创造性地去完成工作呢？重要的一点就是要让下属理解你的指令，知道你的判断是正确的，必须不折不扣地执行，他们才能正确地采取行动。领导下达命令的第一条原则就是在你与下级之间创造一种相互理解、信任和合作的气氛。命令一定要精确明了，不能不着边际，含糊不清，要用建议的方式命令，让下属站着倾听。

在工作过程中，身为领导者对部属下达任务、发号施令是很自然的事情。然而，怎样下达命令才能使你的计划得以彻底地实施，才能使你的部下乐于积极、主动、出色、创造性地去完成工作呢？

你身为公司领导，是不是经常这样说："××，把这份材料赶出来，你必须尽你最快的速度，如果明天早上我来到办公室，在我的办公桌上没有看到它，我将……"或者是："你怎么可以这样做？我说过多少次了，可你总是记不住！现在把你手中的活停下来，马上给我重做！"

你以为自己是领导者，有权力这么做。可是要知道，尽管你是管理者，他是小职员，可是在人格上你们是平等的。所不同的只不过你们的分工、职务，而不是在你和他个人之间存在着什么高低贵贱的区别。就算是"管理者"比"下属"具有更多的权力或是其他什么，那是由"下属"这个职务带来的，而不是你自身与生俱来的！是你的这种趾高气扬、自傲自大的态度激怒了别人，而不是工作本身使人不快！

某生产车间因为生产任务比较繁重，现场因此而略显脏乱。A君为生产部门主管，看到此现象后非常不满意，把车间主任B君叫到跟前，大声说道："看看你的车间，又脏又乱，赶紧收拾一下！"B君回答："生产这么忙，哪有工夫收拾这些！"A君想想也是，随即无声响地离开了。

过了一会儿，生产部经理 C 君来到该车间，也发现此问题。他先是到车间各处巡视了一番，然后到车间主任的办公室找到车间主任 B 君，问："最近忙坏了吧？" B 君答："还好，大部分已经完工了，剩下的任务不是太着急了！" C 君说："我在车间转了一圈，好像有点儿乱啊，能不能抽时间整理一下？" B 君说："我也注意到了，这样吧，我马上安排几个人，立即就去……" 过了约半个小时 C 君再去车间时，车间卫生基本上符合要求了！

A 君和 C 君分别给 B 君下达了相同的命令，但是结果却大相径庭：A 君被顶撞，无声响地离开了；C 君再去时，基本上符合要求了！何以有如此大的反差呢？问题就在于下达命令的方式。A 君是"赶紧收拾一下"，C 君是"能不能抽时间整理一下"，显然 C 君使用了协商建议的技巧，而 A 君则太直白！

没有人会喜欢自己的领导以命令的口气和高高在上的架势来发号施令。上司与下级、领导与部属、主管与下属尽管分工不同、职务不同，但在人格上是平等的，没有什么高低贵贱的区别。俗语说：话有三说，巧说为妙！身为领导者在下达命令时不妨学一学 C 君，多用"能不能"等协商、建议的方式，相信一定会收到不一样的效果。

员工希望领导能广开言路

员工寄希望于领导的，不只是对个人生活的关心，还希望领导能广开言路，倾听和接纳自己的意见与建议。

如果一个公司职员有这样的反映："领导从不让我们讲话""我们只有干活的义务，没有说话的权利"，那就糟了。所以应当注意，在制定计划、布置工作时，不要只是领导单方面发号施令，而应当让大家充分讨论，发表意见。在平时，要创造一些条件，开辟一些渠道，让大家把要说的话说出来。如果不给员工发表意见的机会，久而久之，他们就会感到不被重视，抑郁寡欢，工作也感到索然无味，丧失主观能动性。

领导者不仅要通过各种方式主动征求意见、搜集看法，而且还要在制度上和措施上鼓励大家献计献策，正确的及时采纳，突出的给予奖励。如果下属煞费苦心提出的宝贵建议，领导者根本不认真对待，这就会严重挫伤大家的积极性，以后也就不会再有人那样热心了。

有些人把"人和"定义为不吵不闹。没有反对意见，开会一致通过等表面现象。他们一般不愿看到下属之间发生任何争端，同样这种领导也不喜欢下属反对他的意见。如果有四五种意见提出来的话，他们便感到不知所措。最镇静的办法也不过是说："今天有很多很好的意见被提出来了，因为时间关系，会议暂时到此结束，以后有机会再慢慢讨论。"想尽办法去追求"人和"，这样的领导恰恰忘了很重要的一件事：一致通过的意见不见得是最好的。

假如下属对方案没有异议，并不等于此项方案就是完美无缺的，很有可能是下属碍于情面，不好意思当面指出。因此，这时领导者切不可沾沾自喜，应该尽量鼓励下属发表不同的意见。鼓励的方法主要有两种：

首先你必须放弃自信的语气和神态，多用疑问句，少用肯定句。不要让下属觉得你已成竹在胸，说出来只不过是形式而已，真主意其实早就已定了。

其次是挑选一些薄弱环节暴露给下属看，把自己设想过程中所遇到的难点告诉下属，引导别人提出不同意见。只有集合多方面的意见，不断改进自己，才能更上一层楼。良好的相处往往不是相互忍耐而得到的，有很多时候，反倒是争吵的结果，俗话讲"不打不相识"，其实就是这个道理。

当然，当你决定选择下属提出的意见中的某一种时，必须注意切不要伤害其他意见提出者的自尊心。首先，必须肯定他们的辛劳是有价值的；其次，用最委婉的方式说明公司不采纳该意见的原因。不要让持不同意见的下属有胜利者或失败者的感觉，不要让他们之间产生隔阂和敌意。若能妥善处理好这些问题，反对之声不仅不是领导者的祸水，或许还是领导者的福音。

与同事谈话必须要掌握好分寸

在办公室里，同事每天待在一起的时间最长，谈话内容可能还会涉及到工作以外的各种事情，然而说话没有分寸常常会给你带来不必要的麻烦，所以与同事谈话必须要掌握好分寸：

（1）公私分明

不管你与同事的私人关系如何，你千万不可把你们的私交和公事混为一谈，否则你会把自己置于一种十分尴尬的境地。

沈萍与公司其他部门的一位主管陈华关系不错。有一天，陈华突然过来找沈萍。

沈萍很奇怪，问道："你来找我干什么，这可是工作时间。"

陈华说道："沈萍，我们部门现在有个计划，希望与某公司合作。但我在这个公司没有熟人，所以想请你帮个忙。"

沈萍一愣，陈华接着说："我知道，你和某公司的公关经理很熟，你就做个中间人吧！帮我说几句话，事成之后，我不会亏待你的。"

沈萍一听，感到很为难，想直接回绝，又怕陈华不高兴。答应吧，她不想把公事和私交混在一起。

于是，她对陈华说："我是认识该公司的公关经理，不过，她这段时间在休假。我怕等她回来，你们的计划就给耽误了。"

陈华一听就明白了。沈萍又补了一句："我听说这家公司的老板不错，你不妨直接去找他。"

其实，沈萍的朋友并没有去休假，她只是不想把自己搅进去。自己与陈华不是一个部门的，插手其他部门的事，领导可能不高兴。再者，如果办不成的话，反倒影响了自己和陈华的友谊。

如果你的同事也向你伸出援助之手，你可以打趣地说："其实这件事很简单，你一定可以应对自如的，被我的意见左右，可能不妙。"这番话是间接在提醒他：一个成功的人必须独立、自信，而且这样也不会损及大家的情谊。

（2）是朋友，也是同事

虽有人说"好朋友最好不要在工作上合作"。但大家都是打工仔，能碰巧在同一个公司里工作绝不稀奇。

一天，公司来了一位新同事，他不是别人，正是你的好友，而且他将会成为你的搭档。领导把他交给你，你首先要做的是向他介绍公司的架构、分工和其他制度。这时候，不宜跟他拍肩膀，以免惹来闲言闲语。

与好朋友搭档工作应该是一件好事。但在工作中，你们的友谊往往会面临各种各样的挑战。你与搭档的职位相同，但工作量却大大不同。人家可以"煲电话粥"，你却整天忙得不可开交。虽然你心情不佳。但切勿向搭档发脾气，因为你们日后并肩作战的机会还有很多，许多事还是唇齿相关的。

表面上，你的主要任务是做好分内的工作，对这位搭档要保持一贯的友善作风。

不过，最重要的策略是向领导表态。领导不一定是偏心，有可能是对各项工作所需时间不大了解而已，所以你行必要找他商谈，让他知道，每件工作所花的时间为多少，在一个工作日里可以做些什么，你的任务又是如何得多。只要讲出你的困难。不要埋怨搭档相对地闲着，对事不对人，才能让事情圆满解决。

总之，大前提是公私分明。你要记住，在公司里，他是你的搭档，你俩必须忠诚合作，才能创造出优秀的工作业绩。私下里，你俩十分了解对方。也很关心对方，但这些表现最好在下班后再表达吧！闲暇时，以少提公事为妙，难道你一天 8 小时的工作还不够吗？

（3）闲谈时莫论人是非

只要是人多的地方，就会有闲言碎语。有时，你可能不小心成为"放话"的人；有时，你也可能是别人"攻击"的对象。这些背后闲谈，比如领导喜欢谁、谁最吃得开、谁又有绯闻等等，就像噪音一样，影响人的工作情绪。聪明的你要懂得，该说的就大胆地说，不该说的绝对不要乱说。

宇宙之大，谈话的题材取之不尽，用之不竭，何必一定要把别人的短处当作话题？你所知道的关于别人的事情不一定可靠，也许另外还有许多隐衷非你所能详悉的。若贸然把你所听到的片面之言宣扬出去，不亚于颠倒是非、混淆黑白。说出去的话收不回来，当事后完全了解真相时，你还能更正吗？

"王某借了李某的钱不肯还，这真是岂有此理！"昨天你对一个朋友说，这是从李某那里听来的，他当然把自己说得头头是道。人总是觉得自己是对的。你明白了人类的这一弱点，你就不会诋毁王某。因为你若有机会见到王某，他也会告诉你，他虽借了李某一笔钱，但有一张房契押在李某手里。因房租跌价，到期款未还清，只好延长押期。而李某则急于拿回现款，王某一则无法立即清付，再则借据上写着若房租因环境关系而减租时，可以延长押期，到李某将该款全数收回为止，所以不能说他是赖债。由此看来，双方皆有道理。人与人的种种关系大半如此复杂，你若不知内情，就不要胡说八道。

社会上有一种人，专好推波助澜，把别人的是非编得有声有色，夸大其词，逢人便说。世间不知有多少悲剧由此而生。你虽不是这种人，但偶然谈论别人的短处，也许无意中就为别人种下了恶果。而这种恶果的滋长，是你所料想不到的。

（4）注意对方的语言习惯

我国地域辽阔，方言习俗各异。一个规模较大的公司不可能只由本地人组成，一定还会有来自各地的同事，所以要特别注意这一点。不同的地方。语方习惯不同，自己认为很合适的语言，在其他不与你同乡的同事听来，可能很刺耳，甚至认为你是在侮辱他。

小齐是西北某地区人，而小秦是北京人。一次两人在业余时间闲聊，谈得正起劲，小齐看见小秦头发有点儿长了，便随口说："你头上毛长了，该理一理了。"

不料小秦听后勃然大怒："你的毛才长了呢！"

结果两人不欢而散。

无疑，问题就出在小齐的一个"毛"字上。小齐那个地方的人都管头发叫作"头毛"，他刚来北京时间不长，言语之中还带着方言。因此不自觉地说了出来。而北京人却把"毛"看作是一种侮辱性的骂人的话，什么"杂毛""黄毛"，无怪乎小秦要勃然大怒了。

各地的风俗不同，说话上的忌讳不同。在与同事交往的过程中，必须留心对方的忌讳话。一不留心，脱口而出，最易伤同事间的感情。即使对方知道你不懂得他的忌讳，虽情有可原，但你终究还是冒犯了他，因此应该特别留心。

（5）不要显示自己的优越

有些人动不动就提到自己或家人的辉煌业绩和显赫地位，向同事们炫耀，这将造成对同事们自尊心的伤害，引起大家的不快，导

致对你的厌恶和反感。

"我在北大当学生会主席的时候……"

"我们家的大理石地面……"

久而久之，同事也会觉得你"高人一等""异于常人"，所以，就会把你摒弃在他们这些"常人"的圈子之外，冷漠你，孤立你。

清楚并理解领导的职责

上班不到三个月，小王就准备要跳槽了，因为他老觉得他的领导时时刻刻都在盯着他，让他感到浑身不自在：既然不信任我，为什么还要用我，总把我像小偷一样盯着，我在这里干还有什么意思？

小王不明白，除非自立门户，否则，只要在人家手下干，就总会有一双眼睛盯着你。

道理很简单，不管你在什么公司，作为职场新人，肯定会有上边的领导领导你。作为一个管理人员，他有看管监督你的职责，不管在他的岗位职责上写没有写这一条。他们的基本工作主要有两项，一是领导本部门员工完成本部门的工作任务，二是培养新人。每个公司都需要持续发展，要持续发展，就要经常补充新鲜血液，所以，作为公司的领导，他们有责任在部门内培养新人。培养新人，自然而然地就要指导和监督下属的工作。因此，他们在工作中对下属进行监督，并不是他们个人的好恶，而是一种组织行为，作为员工，我们要清楚并理解领导的职责所在。

当然，有的领导工作方法的确比较简单，让一些职场新人觉得领导像时时刻刻盯着自己，对自己没有一点信任感。对于这一点，你必须接受现实。人的能力有大小，工作方式有差异，这一点你不能强求。再说，你的领导不太注意自己的工作方式方法，有时工作方式难免简单一点，语言过火一点，但他的本意也是恨铁不成钢。所以，作为职场新人，你必须忍耐。

有些职场新人，由于不能正确地认识自己，总以为自己比领导强。因此，他总觉得领导监督他，是领导怕他超过自己，因而把这种工作方法问题上升到个人品质问题。当然，在现代职场上谁也不能排除这种妒贤嫉能的现象存在，但在一个健康发展的公司里，不太可能存在那种无才又无德的管理人员。因为在一个管理水平良好的公司里，人力资源部门的人不会闲着，无德又无才的人做不出业绩，公司老板心里肯定有数。面对这么激烈的市场竞争，公司老板绝对不会容忍这种人占据公司重要的管理位置。

一些职场新人对自己领导的抵触情绪，问题很大程度出在自己身上。老觉得领导跟你过不去，很大程度上与过去在学校养成的那种散漫的习惯有关。在学校，父母管不着，老师又管不来，使你多少养成自由散漫和不喜欢别人管的习气。尽管你毕业了，进入了职场，但你并没有意识到自己人生角色的转变，而让这种自由散漫的习气发挥惯性作用，所以，它使你对领导的监督不舒服。如果你不能及时调整心态，而使它们膨胀为一种抵触情绪，那是非常危险的，因为你的领导是你职场成长道路上的第一关，它甚至决定着你一生的命运。

人吃五谷杂粮，必有七情六欲，你的领导作为一个有血有肉的大活人，身上没有一点这样或那样的毛病是不可能的。无论你到哪里去，哪个公司的领导都差不多，因此，作为职场新人，你首先要客观看待自己的领导，一定要将他的个人品质和工作职责区别对待。对于职场新人来说，如果不习惯领导的看管就是跟领导对着干，那是一种拿鸡蛋砸石头的愚蠢行为。

即使你有能力自己选择公司，但你也没有权力选择自己的领导。从这个意义上来说，这是职场中人必须面对的。

与同事相处时，应注意什么

当同事遭遇不幸时，我们的反应往往不一定得体。我们偏偏说出他们不愿意听的话，令他们难过；他们需要我们时，我们却不在他们身边；或者，就是和他们见了面，我们也故意回避那个敏感的话题。既然我们并非存心对他们无礼或冷漠，那么，为什么我们会在愿意帮忙的时候有那样的表现呢？

我们大多数人都有过这样的经验，无意中说错了一句话，希望能把它收回。我们怎样才能在某个同事处于困难时对他说适当的话呢？虽然没有严格的准则，但有些办法可使我们衡量这些情况，从而作出得体的反应，这里有一些建议：

（1）留意对方的感受，不要以自己为中心

当你去探访一个遭遇不幸的同事时，你要记得你到那里去是为了支持他和帮助他。你要留意对方的感受，而不要只顾自己的感受，不要以同事的不幸际遇为借口，而把你自己的类似经历拉扯出来。要是你只是说："我是经历过的，我明白你的心情。"那当然没有什么关系。但是你不能说："我经历这样的事后，我有一个星期吃不下东西。"每个人的悲伤方式并不相同，所以你不能硬要一个不像你那样公开表露情绪的人感到内疚。

（2）尽量静心倾听，接受他的感受

如果你的同事失去了亲人，这个时候，你的同事需要经过悲伤的各个阶段才能逐渐转变心情。这样的人谈得越多，越能产生疗效。要顺着你朋友的意愿行事，不要设法去逗他开心。要静心倾听，接受他的感受，并表示了解他的心情。有些在悲痛中的人不愿意多说话，你也得尊重他的这种态度。一个正在接受化疗的人说，她最感激一个朋友的关怀。那个朋友每天给她打一次电话，每次谈话都不超过一分钟，只是让她知道她惦记着她。这每天的一分钟关怀对她来说就是最大的安慰。

（3）说话要切合实际，但是要尽可能表现乐观

泰莉是麻州综合医院的护理临床医生，曾给几百个艾滋病患者提供咨询服务。据她说，许多人对得了绝症的人都不知道说什么才好。他们说些"别担心，总会好的"之类的话，明知这些话并不真实而病人自己也知道。

"你到医院去探病时，说话要切合实际，但是要尽可能表现乐观，"泰莉说，"例如'你觉得怎样?'和'有什么我可以帮忙的吗?'这些永远都是得体的话。要让病人知道你关心他，知道有需要时你愿意帮忙。不要害怕和他接触。拍拍他的手或是拥抱他一下，可能比说话更有安慰作用。"

（4）主动提供具体的援助

一个伤恸的人，可能对日常生活的细节感到不胜负荷。你可以自告奋勇，向他表示愿意帮他完成一项工作，或是替他接送学钢琴的孩子。"我摔断背骨时，觉得生活完全不在我掌握之中"，一位有个小女孩的离婚妇人琼恩说，"后来我的邻居们轮流替我开车，使我能够放松下来。"

（5）要有足够的耐心

丧失亲人的悲痛在深度上和时间上各不相同，有的往往持续几年。"我丈夫死后"，一位寡妇说，"儿女们老是说：'虽然你和爸爸的感情一直很好，可是现在爸爸已经去世了，你得继续活下去才好。'我不愿意别人那样对待我，好像把我视作摔跤后擦伤了膝盖而不愿起身似的。我知道我得继续活下去，而最后我的确活下去了。但是，我得依照我自己的方法去做。悲伤是不能够匆匆而过的。"

在另一方面，要是一个同事的悲伤似乎异常深切或者历时长久，你要让他知道你在关心他。你可以对他说："你的日子一定很难过。我认为你不应该独立应付这种困难，我愿意帮助你。"

与同事们交流，要照顾到每一个人

有时，我们要跟很多同事进行交流和谈话。你当然不可能在讨论、开会或聚会时把你的时间和注意力平均"分配"给在场的每个人，而且一定有某些人是你需要特别重视并想特别关照的。

但尤其是这种场合，在场的每个人都可能特别在乎你对他的重视程度。每个人都希望你在大家面前表示出你对他的尊敬和重视，给足他面子。要是你忽视了他，这份在众人面前的怠慢和轻视会让他尤感失望。

所以，这种场合下你要把每个人都视为独立的个体而不是"群体中的一员"。对他们的态度不能有太大的差别，请让每个人都明白，你在注意他并尊重他，别让任何人感到你对他的尊重程度不如他人。

不要心不在焉，只顾某一位重要同事而忽视了其他同事。当你和重要同事的谈话结束时，不要就此大松一口气，开始漫不经心，应自始至终也给在场的其他人一份关注和照顾。尽量热情地问候每个人，如果可能，要跟所有在座者打招呼，不要只因为有些人离你稍远些或职位稍低些，你就忽略了他们。尤其此时，你要费点事儿上前招呼。正因为人们知道大多数人怕麻烦，不会特意这样做，所以，你"不嫌麻烦"的举动就更显突出，最终能得到对方的欣赏。

谈话时，要直接与每个人交换眼神。

如果没有特别原因，就不要谈论多数人不感兴趣、无法插话的话题，也不要进行令多数人兴味索然的争论。也别让自己被某位有演讲欲、倾诉欲的同事牵着鼻子走。要是他滔滔不绝，不给其他人说话的机会，你就不要再向他提问或详细回答他的问题，否则他会更加没完没了。你可以礼貌但简洁地回答："这个想法确实不错。"然后，你稍作停顿，再开始一个与此有些联系的新话题。说话时，请看着在场的人员，用目光鼓励其他人也来加入发言。向那些一直没有机会发表意见的人提些问题，这会让他们感到你的细心和周到。

大家谈兴正浓时，进来一位新的谈话伙伴，这是常有的事。此时，你若是能够费点心，让新加入者马上融入你们的讨论，则可以突出地体现你的一片好意。

此外，要注意你的姿势。对任何人都不能显得冷淡，更不能故意用背对着人家。要是有新来的人加入会谈，注意挪一下给他腾出位置，别冷落了他们。

不要让对方觉得，你在寻找比他更有趣的谈话伙伴。由你开头的话题，就要把它认认真真地进行到底，别在他面前频频调转头去，显出对他的话没有兴趣的样子。也不要给人这种印象：你老在张望门口或打量整个屋子，或是盯着墙壁发愣。

与同事交流的时候，最怕的情形之一就是冷场。

冷场分为两种情况：一种是单向交流，听者毫无兴趣，注意力分散；另一种是双向交流中，听者毫无反应，或者仅以"嗯""哦"之类应付。不管是哪种情况出现的冷场，根本原因都在于听者不愿听发言者的话。听者仅仅出于礼貌而扮演一个"接受"的角色，冷场的出现，是发言者的失败，因为它不能达到彼此沟通交流的目的。发言者既要发言，必须实施控制，避免冷场的发生。避免和控制的办法是：

（1）换个话题

单向交流的话题变换是暂时的，所变换的话题是为了吸引听者的注意力，调动他们的兴趣。这一目的达到后，仍要回到原有话题的轨道。

双向交流的话题变换是不定的，根据现场情况随时进行。比如你与别人谈今日凌晨看的一场世界杯足球赛电视直播，可别人并不喜欢足球，也没有在半夜里爬起来观看，对你所谈显得毫无兴趣，出现冷场。这时，你就应及时将话题扯到其他方面去。

（2）发言简短

单向交流中那种应景式讲话，越短越好。双向交流中，任何一方都不要滔滔不绝地"包场"，要有意识地给对方留下发言的时间和机会。自己一轮讲不完，应待对方有所反应后再讲，不要一轮就讲得很长。

（3）中止交谈

任何人在交谈时都不希望听者不愿接受。但若这种情况出现后，自己又采取了诸如简短发言、变换话题、加强语气等控制手段，仍然不能扭转冷场的局面，那就应中止交谈。没有接受的交谈是无意义的，既白白耗费自己的精力，又无端浪费别人的时间。比如你同他谈足球他无兴趣后，变换话题他仍无兴趣，就不可再谈下去。这叫作"话不投机半句多"。要么各自走开，另寻开心，要么各自静止，闭目养神。

当然，方法还有很多，需要在实践中不断摸索和总结。

第七章

社会心理学

学会变通，如沐春风

　　事事顺利很难，但只要你多花点心思，多角度考虑问题，也许事情就会变得容易许多。很多人在做事的时候，往往会依据经验确定做事的原则和方法，然而这并非总能奏效。第一次遭到对方拒绝的时候，往往也是真正考验一个人做事能力的时候。善于做事的人懂得变通，这等于增加了更多的机会，这样人生之路如沐春风；而有的人不懂灵活变通，最终彻底失败。

　　有这样一个笑话。一个年轻人走到一个屋门下，屋门紧闭，他想要尽快进屋。年轻人使出全身的力气推门，但门始终不开。他就这样推呀推，一直推了快一整天了，但还没有将这扇门推开。黄昏时分，此时的他已经浑身无力，丧失了进屋的信心。正准备放弃离

开的时候，突然发现身后站着一位老人。

"我已在这儿站了很久了。"老人说。

"我想要进去，但这扇门怎么推也推不开，为什么？"

"你拉一下试试。"老人说。

这时，年轻人轻轻一拉，门便打开了。

"这是怎么搞的？我家的门是推的。"年轻人气愤地说。

"这可不是你家。"老人说。

这虽然是一个笑话，却折射出很深的人生哲理。反映出一个人做事时的变通问题。这个想进屋里的年轻人，是一个做事不会变通的人，所以他长时间被挡在门外也是情理之中的事。而且，这个故事从另一个角度说明，变通是现实生活中所必需的。只有会变通的人，才容易克服做事中的重重困难，他的人生才能处处充满春风。

张先生是一家大公司的高级主管，他面临一个两难的境地：一方面，他非常喜欢自己的工作；另一方面，他非常讨厌自己的领导，经过多年的共事，他已经到了忍无可忍的地步。在经过慎重思考之后，他决定去猎头公司重新谋一个高级主管的职位。猎头公司的工作人员告诉他，以他的条件，再找一个类似的职位并不难。

回到家中，张先生翻来覆去地想，还是觉得自己对现在任职的公司非常满意，除了那个讨厌的领导。可是有什么方法能改变这一局面呢？忽然，他灵机一动，想出了一个方法。他把正在面对的问题换一个思路考虑，即把问题完全颠倒过来看——他想到的是：我能不能让领导辞掉这份工作呢？

第二天，他又来到猎头公司，这次他是请公司替他的领导找工作。不久，他的领导接到了猎头公司打来的电话，请他去别的公司高就。因为新的工作也待遇优厚，所以他的领导没考虑多久，就欣然接受了这份新工作。

这件事最恰到好处的地方，就在于领导接受了新的工作，结果他的位置就空出来了。于是，张先生就坐上了以前领导的位置。

在这个事例中，张先生本意是想替自己找份新的工作，以躲开令自己讨厌的领导。但他换了一个角度考虑问题，即为他的领导找了一份新的工作，结果，他不仅仍然干着自己喜欢的工作，而且摆脱了令自己烦心的领导，还得到了意外的升迁。

这种需要变通的情况，常常在我们的做事中出现。有时候，你会为做事失败而懊悔，但是，如果你稍稍变通一下，就会是另一个结局。生活是多变的，事物也是多变的，在这个随时都在变化的世界中，你得学会随机应变。训练你的应变能力，你将受益无穷。生活中，每个人都会办一些傻事。有时候，这些傻事会傻到让你吃惊的程度，但你却又避免不了。其中的原因很简单，你的脑筋太直，不会转弯。经验是我们的宝贵财富，我们常常以过去的成败来看将来的机会。如果你的过去特别艰难困苦，你大概得加倍努力，才可以看到将来的前途。

懂得变通、懂得换位思考的人，从来都是聪明人，他们总能独具慧眼，找到一条新的路，让自己做事成功。而不敢创新或者说不愿意创新的人，他们头脑中的标准已经固定，使他们不能转换方法去想问题，结果当然是失败了。

在做事中，怎样变通才能达到成功做事的目的呢？

（1）变换思维

变换思维做事可以带来奇效。

某家生产圆珠笔的公司，生产出的圆珠笔一直不受市场欢迎。原因是，这家公司生产的圆珠笔虽然很实惠，但当油还没有用完的时候，笔尖就坏了，投入市场后效果一直不好。怎样解决质量问题呢？公司投入了大量的资金对笔尖进行了改良，但效果仍然不是很好。最后，公司决定面向社会广泛征集改良方案，并许诺重金。

广告发出后，征集的方案不少，但最后公司采用的却是一个小女孩的建议。她的建议非常简单：缩短笔杆长度，使笔尖寿命恰好够用完油墨的时间。小女孩的聪明在于，大家都把眼光放在笔尖上，只有她逆向思考，把眼光放在笔杆上，从而取得了成功。

（2）摆脱思维定式的束缚

世界是变化的，人也不能固守着自己的思维而不求突破。有优势的人常常以为倚仗自己的优势就可以无往不胜，他忽略了当外面世界变化时，优势也不会永远保持下去。不突破这种固定的思维束缚，本有的优势也会变成劣势。

（3）学会改变思路

任何规则都是人制定的，在必要时我们要善于改变，而不能一味坚守过去的规矩。适时改变做事规则，就掌握了做事的主动权。很多人总是在路走不下去的时候，才想着改变，而事实上，这时已经晚了。我们要获得主动，就应该未雨绸缪，在最合适的时候做出改变，这样才能永远走在他人前面。

让别人感到满足感

这是一个竞争激烈的世界，人们往往只想到自己的需要而不会想到别人。尽力摆脱这种情况，并且多替别人着想，让别人获得满足感，你将会在以后做事中获得意想不到的收获。

卡耐基曾经讲述了自己的一段经历：

初到一个海滨城市，有一次在暮色苍茫时，我要去一个自己没到过的郊区。前半截的路线我知道怎么走，可是下了公共汽车换乘另一路车时，我怎么也找不到另一路车的车站。

于是我走到一群正在下棋的当地老人的跟前，请教他们该怎么换车到我想去的地方。

没想到这么一问效果惊人。他们听出我是外地口音，而且是在快要天黑时往郊区走，就感到事关重大，于是就七嘴八舌地向我指点路线，连我下车后该怎么走都告诉了我。有一位老同志为了这稀有的机会而兴奋不已，站起来让所有的人都不要讲话了，他要独自享受这指示方向的快乐。

因为我要去的地方是一个军事基地。这些老人听说我和这样的地方有关联，对能有机会给我这样的人指路备感荣幸。那位站起来的老同志还放下手中未下完的棋，专门把我送上了末班公共车。

建议你也试试这种方式，到一个陌生城市后，向一些"弱势群体"请教："不知道能不能请你帮我一个小忙，告诉我怎样才能到某个地方？"相信你会有一个良好的收获。本杰明·富兰克林曾经运用这项原则，把一个刻薄的敌人变成了他一生的朋友。

年轻时的富兰克林凭着自己的才能，不但建立了一个小印刷厂，还当选为费城州议会的文书办事员。

可是，他的才能却招致了议会中另一位同样有钱又能干的议员的嫉妒。这位议员不但不喜欢富兰克林，并且还公开斥责他。

富兰克林觉得这种情况非常不利于自己的发展，他决心让对方喜欢自己，他听说对方图书室里存有一本非常稀奇的书，就写给他一封便笺，表示自己非常希望借来一阅。

这位议员马上叫人把那本书送了过来。过了大约一周，富兰克林把那本书还给议员，并附上一封真诚的信，表示谢意。

后来，在议会里相遇的时候，这位议员居然一反常态，跟富兰克林打起了招呼，并且很有礼貌。自那以后，他总是很乐意帮助富兰克林。他们二人也成了很好的朋友。

富兰克林虽是两百多年前的人了，而他所运用的心理方法，也即请求别人帮你忙的心理方法，对现在的人仍然有参考意义。在你求人感到为难的时候，不妨在心里告诉自己："这样也能使对方感到满足。"这样，你就会从内心感到很容易了。

爱屋及乌的心理弊病

爱屋及乌的意思就是说，当你喜欢或者爱一个人的时候，会喜欢他身边所有的事物。

周武王灭商之后，对于前朝的大臣宦官，不知道应如何处置。如果处置不好，很可能就会造成朝政的混乱，这令周武王非常忧心。因为这件事情，他还召见了姜太公。

他问姜太公："对于前朝的将士该怎么样处置呢？"姜太公对周武王说："我听说喜欢一个人，就连他屋顶上的乌鸦都喜欢；讨厌一个人，也会连带着他周边的人一起讨厌。将前朝的将士全部杀掉，斩草除根，您认为如何？"

姜太公所说的"喜欢一个人，就连他屋顶上的乌鸦都喜欢"便是"爱屋及乌"的意思，这种现象在心理学中被称之为"晕轮效应"。

事实上，爱屋及乌是一种喜欢以偏概全的心理弊病。他们一般根据事物的个别特征，就断定了事物的本质，这是非常片面的认知。所以，在和人打交道的时候，一定要注意，不要陷入这种爱屋及乌的误区。

美国一个心理学家曾经做过一个实验：他对两个班的学生说要来一位代课老师，对一个班介绍这位老师热情、果断；而对另一个班则说这位老师冷漠。就这样，老师上完课之后，前一个班的学生很热情地和老师交流，而后一个班的学生则躲得远远的，不愿意和老师有过多的交流。就是因为心理学家之前不同的描述才带来了这两种不同的结果，心理学家给后一个班的学生戴上了有色眼镜，改变了他们的认知，这是晕轮效应的巨大作用。

有时我们所看到的一个细节或者是特征并不是事情的本质，但是我们总是能从个别立刻推及整体，然后做出结论。

晕轮效应通常都是因为自己对这个人或者是事物还不算了解，只是凭着自己的感觉和知觉，很容易犯片面性、局部性和知觉性的选择性错误。有些个体特征并没有什么太大的联系，人们却总喜欢将它们绑在一起。

有的人第一眼看见一个人，可能会因为他的长相而不喜欢和他打交道，这种认知甚至会伴随我们一生，使我们不愿意在这个人身上多浪费一分一秒的时间。这种表象认知的方式盖住了个人的内在特质。

我们对这个人的印象还能影响到周围的人或事物。比如，当你讨厌一个人的时候，脑袋里面立马就会跳出"近朱者赤，近墨者黑""物以类聚，人以群分"这类话，所以也不喜欢和他周围的人打招呼。

"逆鳞"碰不得

"逆鳞"就是龙喉下一尺的地方，传说中的龙身上只有这一处的鳞是倒长的，无论是谁触摸到这一部位，都会被激怒的龙吃掉。人也是如此，无论一个人的出身、地位、权势、风度多么傲人，也都有别人不能言及、不能冒犯的角落，这个角落就是人的"逆鳞"。

人际交往时说话要讲究点艺术，千万别触及对方的"逆鳞"。所谓的"逆鳞"就是我们所说的"痛处"，也就是缺点、自卑感。所以，我们可以由此得知，无论人格多高尚多伟大的人，身上都有缺点的存在。只要我们不触及对方的缺点，就不会惹祸上身。

人在吵架时最容易暴露其缺点。无论是挑起事端的一方还是另一方，都因为看到了对方的缺点并产生了敌意，进而使争吵更烈。争吵中，双方在众人面前互相揭短，使各自的缺点都暴露在大庭广众之下，这无论对哪一方来说都是不小的损失。

小刘和小张是同一家公司、同一个部门里的职员，工作能力难分伯仲，互为竞争对手，谁先升任经理是部门内十分关心的话题。但他们两个人竞争意识过于强烈，凡事都要对着干。临近人事变动时，他们的矛盾已激化到了不可收拾的地步，多次出现互相指责，揭对方短的局面。领导及同事们怎么劝也无济于事。结果。两人都没有被提升，经理的职位被部门其他的同事获得了。

《菜根谭》中有句话："不揭他人之短，不探他人之秘，不思他人之旧过，则可以此养德疏害。"缺点犹如永不结疤的伤痕，轻轻一碰，痛在深处。赞美人本应算好事，但若口无遮拦，犯了忌讳，好事也会变成坏事。这也正是"一句话把人说笑""一句话把人说跳"之间的差别。即使赞美者和被赞者关系很密切，也要十分注意，不能一时兴起就不管三七二十一了。

黎伟和陈晨是很要好的朋友兼同事，同为公司的部门经理，两人志趣相投，私下里更是嬉笑怒骂，但从未红过脸，甚至对方的忌讳也是茶余饭后的谈资。

在一次公司聚会上，黎伟有点儿喝多了，为了表达对陈晨的曲折经历和工作能力的敬佩，他举起酒杯说："我提议大家共同为陈经理的成功干杯！总结陈经理的曲折历程，我得出一个结论：凡是成大事的人，必须具备三证！"黎伟提了提嗓门继续说道："第一，大学毕业证；第二，监狱释放证；第三，离婚证！"话音刚落，众员工哗然，陈晨硬撑着喝下了那杯苦涩的酒。这"三证"中的两证无疑是陈晨的忌讳和痛处，他不想让更多的人知道，也不想让同事议论，但黎伟与他关系太密切了，就没有界限了。从此，陈晨对这位曾经的好朋友兼同事的态度一落千丈，他们俩再也回不到当初亲密无间、无话不谈的状态了。

这就提醒我们，在称赞与自己关系很好的人时，如果是当着其他人的面，千万不要冒犯他的忌讳、触痛他的"逆鳞"，毕竟我们每个人都有一点儿个人缺点、过错和隐私。尊重自己朋友，就不要在公众场合开那些残酷的玩笑。

被人触到自己的"逆鳞"，被人揭伤疤，不管对谁来说，都不是令人愉快的事。不去提及他人弱点，才是待人应有的礼仪。有道德的聪明人即使在盛怒之下，通常也不会扩散愤怒的波纹，实在是控制不了，也只会拿起手边的玻璃杯往地上摔，绝不会拿别人的痛处来发泄自己的愤怒。玻璃杯摔完了，充其量也只不过是自己损失几个杯子而已；而击打别人的痛处，则会造成恶劣的后果。

口下留情，脚下才会有路。从谈话中，我们可以丰富知识，获得情感，加强沟通。然而，在谈话中，有时也会发生不幸的事情，这说明说话不当也有负效应。病从口入，祸从口出。有时口舌的祸害危险性不能小看，一句不负责任的话，弄不好会使人丧失性命，这绝不是危言耸听。

在人际关系中，我们有必要事先对对方有所了解，找出对方"逆鳞"所在，以免冒犯。人们在正常交往中，警惕祸从口出是成功做事的一个重要方面，我们一定要特别注意。两个人交谈，尽量避免谈论第三者；如果所谈之事不可避免地涉及他人，也要掌握分寸，与事有关的方面可以谈，与事无关的绝少提及。

背后莫论他人是非

我们的周围往往有这样一部分人，他们只看到别人的短处，看不到别人的长处。当着别人的面，又不敢直言不讳地指出其缺点，而是在背后指指点点、说三道四，结果闹得人心不欢，自己也会让人厌烦。

我们谁都不会是完人，谁都会有缺点。试想，人人皆为圣贤，这个世界还有什么意思呢？而在我们现实生活中，有些人总是习惯于发现别人的缺点，对自己的缺点全然不知，正如俗语："自丑不觉，人丑笑煞。"一旦发现别人的过失、错误，心中就会不快，常常会不考虑别人的感受、别人的自尊，指指点点，数落一番，才算吐了心中一口气。

人和人之间的交往，贵在坦率，贵在以诚相待。那种在背后叽叽喳喳、蜚短流长的做法，是一种小市民的低级趣味。古语说："一心只读圣贤书，莫论人后是与非。"在人后评论他人，无论是褒是贬，都容易惹出是非，使别人对其产生警戒之心。

其实，别人有缺点、有不足之处，你可以当面用委婉的语言指出，让他改正，但是千万别当面不说、背后乱说，这样的人不仅会令被说者讨厌，同样也会令听者讨厌。当然，大多数人都或多或少在背后说过别人，不过有一点，经常在背后说别人坏话的人，肯定不会受到别人的信赖和尊重。因为凡是有点头脑的人，都会自然而然地这么想：这次你在我面前说他人的坏话，下次你就有可能在别人面前说我的坏话。如此，你留给别人的印象就会越来越灰暗，别人对你的心理防线就越来越宽。

千万记住，不要在别人背后说三道四，数落他人的不是，否则，会闹得满城风雨，害人匪浅，最终祸水也会殃及自身。

很多人不善于控制自己的言行，闲谈总爱论人是非。闲话一旦出口就无法收回，会使朋友关系冷淡。因此，不用嘴巴去论人是非，这是一种聪明的处世智慧。

在南亚古国，有个爱多嘴的女人，整天闲着没事东家长、西家短地议论，以至于连平常饶舌的三姑六婆们也都无法忍受。终于有一天，大家一起到法师拉比那里去控诉她的行为。

拉比仔细倾听每一个女人的控诉之后，便要这些女人先回去，然后差人去找那个多嘴的女人来，问她："你为什么无中生有，对邻居们评头论足？"

多嘴的女人不以为然地回答："我并没有杜撰什么故事啊！我爱夸张事实，只是为了让事实更有声有色而已。我也希望能改变这个习惯，不知大师能否帮助我？"

拉比想了一会儿后，走出房间，然后拿回个一大袋子，他对女人说："你把这个袋子拿到广场去，之后，你就在回家的路上把口袋里的东西摆在路边。但是，回到家之后，你需要再回到广场上去，把路边的东西都收到袋子里。"女人心想，这还不容易做到。她急忙接过那个袋子，加快脚步向广场走去。

那是一个万里无云的晴朗秋日，微风轻拂。女人到了广场之后，迫不及待地打开袋子一看，里面装的竟然是一大堆羽毛。她照着拉比的吩咐一边往家走，一边把羽毛摆在路边。当她走进家门时，袋子刚好空了。然后她又返回来提着袋子想把路边的羽毛捡回。

可是，凉爽的秋风却吹散了羽毛，羽毛荡然无存。女人只好提着空口袋回到拉比那里。

拉比说："你看见了吧，所有的闲话都像大袋子里的羽毛一样——一旦从嘴里溜出去，就永远无收回。"女人意识到了说闲话的危害性，从此改掉了这个坏习惯。

长舌远比任何缺点更令人头痛，闲话传久了就会变成恶言，足以隔离亲近的朋友。

看破不说破

生活中，总会有些人为了显示自己的聪明，搞些小花招以博得大家的赞赏。也许有时他们的"演技"很拙劣，你一眼就可以看穿，但是否要戳穿他，你要三思，因为如果做法不当，他就会对你有意见，你们的关系也就出现了裂纹。因此，在与人交往过程中，有时我们需要看破不说破。

东汉末年，杨修以才思敏捷、颖悟过人而闻名于世。杨修在曹操的丞相府担任主簿，为曹操掌管文书事务。曹操为人诡谲，自视甚高，因而常常爱卖弄些小聪明，以刁难部下为乐。不过，杨修的机灵、颖悟又高过曹操，致使曹操常常生出许多自愧不如的感慨和酸溜溜的妒意。

有一天，曹操招了一些工匠在丞相府后面修建花园，花园是按曹操的设计图修建的。当花园落成之际，曹操亲自去察看了一下。花园修建得错落有致，景物相宜，曲径通幽，极富情趣，曹操十分满意。走出花园后门时，曹操忽然停下脚步，上下打量一番，皱了一下眉头，随即从侍从手中要过笔来，在门上写了个"活"字，没说一句话，转身就走了。究竟是什么意思？工匠们琢磨来琢磨去，就是琢磨不透。

这时，杨修走了过来，工匠们像见到救星一样，一把拉住他，把刚才发生的事一五一十地告诉了他。杨修一听就明白了，对工匠们笑笑说："丞相嫌后门宽，要缩小一点哩。"

"丞相是这个意思吗？"一个工匠不放心，问了一句。

杨修摇摇头，用手指指门说："'活'字在门中，这不是'阔'字吗？"

其中一个工匠埋怨道："丞相跟我们说一声不就行了，何必要跟我们打哑谜呢？"于是按杨修给的建议，工匠们将花园的后门改窄了。

第二天，曹操又来了，看了看改装后的园门，完全符合自己的心意，便不露声色地问匠头："是谁叫你们这样做的？"

匠头战战兢兢地告诉丞相，是杨主簿吩咐的。曹操笑着说："我就想到是杨修教你们这么做的，这小子，也算是机灵到家了。"

一次，北方来人向曹操进献一盒精心制作的油酥，曹操开盒尝了尝，觉得味道很好，因此连说了两声"好"，随即盖上盒盖，在盒上题写了三个字"一盒酥"，便走开了。

曹操的侍从们凑到了一起，七嘴八舌地议论起来，谁也不知曹操的葫芦里卖的是什么药，决定请杨修来琢磨琢磨。

杨修来后，默默地思索了一会儿，便动手打开这盒油酥。一个老文书连忙说："不要动，这可是丞相喜欢吃的呀。"

杨修对大家说："正是因为它味道好，丞相才让我们一人一口分了吃，大家尝尝吧！"

老文书不放心地说："你这鬼精灵，别捉弄我们吧！"

杨修大笑着说："这盒盖上写着'一盒酥'三个字，不是明明白白地告诉我们'一人一口'吗？你胆小，你就不要吃，反正我是要吃的。"于是拿起一块油酥就塞进嘴里去了。

大家一想，有道理。顷刻之间，这盒油酥便被众人吃得干干净净。

后来，曹操得知又是杨修猜中了他的心思，口中喃喃地说道："杨修果然是一个机灵之人。"

对于书"阔"字于门上和写"一盒酥"这两件事，曹操的目的无非有两点：一来呢，刁难一下属下，自己暗中取乐。二来可以显示自己的聪明，博得大家的赞赏。可是杨修完全没有想到曹操的用意，反而把它作为显示自己聪明的机会，轻而易举地就点破了曹操的"哑谜"，令曹操大为扫兴，但是表面上还要装作很欣赏他的样子。这样自作聪明的人能不给自己招来麻烦吗？

很多人都评价杨修是"聪明反被聪明误"。确实是这样，如果上述这两件小事曹操还可以对他假装欣赏，下面的这件事可真是惹怒了曹操。

一次，曹操睡觉时，被子掉到了地上，一个侍卫怕他受凉，走上前去想为他盖好。不料，侍卫刚走进曹操床边，曹操翻身坐起，举刀把侍卫杀了。然后好像恍然不觉得样子重新躺下睡觉。第二天曹操醒来，猛然看见地下躺着的侍卫，惊愕地问道："这个人是谁杀的？"下人据实禀告，曹操深悔不已，说他有梦中杀人的习惯。因为曹操性格多疑，总以为别人要刺杀他，即使在睡觉时，也毫不放松戒备。为了掩人耳目，他装作完全不知情的样子。这情景让在一旁杨修看得一清二楚，他心中早已明白曹操的伎俩，所以他指着被杀侍卫的尸体说："丞相没有在梦中，是你在梦中啊！"这句话后来传到了曹操耳中，曹操对杨修的厌恶又加深了一层。最终，曹操到底是把这颗"眼中钉"拔走了。

如果别人精心设计的小花招被你看破，千万要抑制住想说出来的冲动，因为对方设计这一"花招"，不管是出于显示自己才华还是别的不想为人所知的目的，一旦被你冒失地戳破了，他都会对你心存不满，你也很可能会因自己的多嘴而给自己招来麻烦。

要学会保守自己的秘密

每个人的心里都藏着一些秘密，这些秘密也许事关自己，也许事关他人。总之不能轻易地对别人说起。常听到有人说："对于你，我可是透明的，没有任何的秘密。"对待朋友，许多年轻人更是常常把自己的秘密毫无保留地在大庭广众之下说出来，认为这样才和朋友之间的关系"铁"。有时如果没把自己的心事完完全全地告诉朋友，心中还会不安，认为自己没有坦诚相见，感到对不起朋友。

但是要知道如果你一旦把自己心中的秘密说出来。很快，这些秘密就不再是秘密了。它会成为人尽皆知的故事。这样，对你极为不利，至少会让周围的人多多少少对你产生一点"疑问"，而对你的形象造成伤害。

值得注意的是，一旦一些别有用心的人知道了你的秘密，他就极有可能在关键时刻，拿它作为武器回击你，使你在竞争中失败。因为一般说来，个人的秘密大多是一些不甚体面、不甚光彩，甚至是有很大污点的事情。这个把柄若让人抓住，你的竞争力就会大大地削弱了。

下面的例子就是关于因秘密泄露而受挫败的例子。

汪远是某唱片公司的业务员，因工作认真、勤于思考、业绩良好，被公司确定为中层后备干部候选人。只因他无意间透露了一个属于自己的秘密而被竞争对手击败，而不能被重用。

汪远和同事朱达私交甚好，常在一起喝酒聊天。一个周末，他备了一些酒菜约了朱达在宿舍里共饮。俩人酒越喝越多，话越说越多。酒已微醉的汪远向朱达说了一件他对任何人也没有说过的事。

"我高中毕业后没考上大学，有一段时间没事干，心情特别不好。有一次和几个哥们喝了些酒，回家时看见路边停着一辆摩托车。一见四周无人，一个朋友撬开锁，由我把车给开走了。后来，那朋友盗窃时被逮住，送到了派出所，供出了我，结果我被判了刑，刑满后我四处找工作，但却四处碰壁。没办法，经朋友介绍我才来到厦门。不管怎么说，现在我得珍惜，得给公司好好干。"

汪远工作满三年后，公司根据他的表现和业绩，把他和朱达确定为业务部副经理候选人。总经理找汪远谈话时，汪远表示一定加倍努力，不辜负领导的厚望。

谁知道，没过几天，公司人事部突然直接宣布朱达为业务部副经理，汪远调出业务部，另行安排工作岗位。

事后，汪远才从人事部了解到是朱达从中搞的鬼。原来，在候选人名单确定后，朱达便去了总经理办公室，向总经理说起汪远曾被判刑坐牢的事。不难想象，一个曾经犯过法的人，老板怎么会重用呢？尽管汪远现在表现得不错，可历史上那个污点是怎么也不会擦洗干净的。

知道真相后，汪远又气又恨又无奈，只得接受调遣，去了别的不怎么重要的部门上班。

既然秘密是自己的，无论如何也不能对同事讲。你不讲，保住属于自己的隐私，没有什么坏处；如果你讲给了别人，情况就不一样了，说不定什么时候别人会以此为把柄攻击你，使你有口难言。

诚然、坦诚是人际交往中的美好品格之一。人需要交流，需要友情，谁都不愿与一个从不袒露自己的内心世界、事事留三分的高深莫测的人交往。然而，什么是坦诚呢？坦诚并不意味着别人要把内心世界的一切都暴露给你，也不意味着你要把内心世界的一切都透露给别人。每个人都有秘密，这是正常的。而且要意识到，将秘密毫无保留地告诉朋友，可能会使你失去友谊。

一次，约翰把自己的重大秘密告诉了乔治，同时再三叮嘱："这件事只告诉你一个人，千万别对人说。"然而一转脸，乔治便把约翰的秘密告诉了别人。乔治可能是无意间将约翰的秘密透露出去的，但不管如何，结果可能会让约翰因为这个秘密而受到嘲笑，对乔治不再信任。而乔治也可能觉得对不起约翰，从此二人慢慢疏远。

　　可怕的是，如果你交友不慎，将秘密告诉给自己信赖但不可靠的朋友，他可能会肆意地将秘密传播出去，这样会给你带来更大伤害。

　　因此，不是万不得已的时候，不要让朋友分享自己的秘密，要学会保守自己的秘密。

　　对于自己的某种想法、某件事情，当你认为有必要保密时，该怎样做呢？

　　要注意两点：一是要耐得住孤独，不向他人吐露。耐得住孤独是让自己学会自我排解烦恼的能力，这也是习惯问题。其实，给人造成困扰的多是无法解决或难以克服的问题，倾诉并不能解决问题，倾诉之后，问题仍会存在，自己仍会烦恼，更何况对自己还会有潜在的不利影响。二是当他人问及时，能够婉言谢绝。

　　婉言谢绝别人对自己秘密的探问确是一门交际艺术。对于关系不算很密切的人，谢绝不会使你为难。然而对于自己的老同事、老同学、老朋友，谢绝时可能就难以开口了。不过，无论关系是否密切，你在谢绝时最好不用"无可奉告""暂时保密"这类过于直率的言辞，应该把话说得婉转些。例如甲想了解乙的择偶标准，就问乙："你想找个什么样的伴侣呢？"乙想对甲保密，就可以这样说："这个问题我还没考虑。"这样，虽然你没有回答对方的问题，但你的回答对方也非常容易接受。

挡人财路最终害人害己

有些人似乎有一种毛病，就是见不得别人好。如果别人不如自己，却发了大财，就更觉心里不平衡，甚至产生挡人财路的想法。

有句话叫"夺人道路人还夺"。在人际交往中，最好不要挡人财路。挡人财路，别人就一定会挡住你财路，夺你财路。俗话说：穷帮穷，财气雄；富斗富，没房住。这种两败俱伤的事，不是智者所为的。

与其挡人财路，还不如自己另辟财路。大多数的人都是为钱而工作，这无可厚非，因为生活需要钱，没有钱便无法生活了。即使生活已经无忧，钱还是人人喜爱的东西，这是人类最基本的欲望之一。所以挡人财路是一件很严重的事情。

挡人财路无非就是指阻挡别人赚钱、获取利益的机会。一般来说，挡人财路行为的发生并不是偶然的。在资源有限时，因为你拿多了，我就拿少了，你全部拿了，我便没有了；为了保障自己的利益，使用各种方法去争夺对方的利益。这种挡人财路行为的发生无非是受了个人利益的驱使。

别人有机会晋升加薪，不管你心理感受如何，最好不要去从中作梗。你若因为报复、嫉妒而去挡人财路，这事迟早会外露的。

所谓争强好胜的心态有时是一种嫉妒的心理。这种人看你拿得多，或是自己虽然也拿得不少，但你拿得比他更多，于是他就起了嫉妒心。而嫉妒的起源无非来自于自己的贪欲，没有什么原因，只因认为自己拿得不够多，于是就挡住对方的财路，看能不能将之据为己有。通常，持有这种心态的人，往往最后什么也得不到。

存有报复心理的人，多会做些挡人家财路的事。别人和自己有怨，逮到机会便挡住他的财路，虽然自己也得不到，但却满足了报复的快感。但这种报复往往得不偿失。对自己反而无利。

刘琦与何进的厂子都同时开发了一个项目，但因为何进拥有的技术力量相当雄厚，他的项目比刘琦早一个月面市。本来与何进共同研究一个项目，刘琦就已经感到窝火，没想到还让对方抢了先机，刘琦更是气上加气。于是他匿名向质检部门写了一封检举信，检举何进的产品有质量问题。结果，何进的工厂停产一个月接受检查，损失惨重。何进知情后也愤怒地把刘琦告上了检察院，还花重金买到了刘琦厂子的绝密资料。

正当刘琦为挡了何进的财路而沾沾自喜时，也接到了检察院的检查通知信，这股风竟然刮到了自己的头上。刘琦最终因产品不合格而不得不停产，真可谓是"赔了夫人又折兵"啊，挡人财路最终害人害己。

挡人财路的原因和手段有很多，但后果都只有一个，就是会引起对方的仇恨。有的立即做出反扑的动作，有的则"君子报仇，十年不晚"，但至少你和对方已有了嫌隙。

所以，在社会上行走，最好不要挡人财路。即使是为了自己的利益，不小心挡了别人的财路也是不可以的。因为一旦引起争夺，可能你什么也得不到。

但是有些情况可以另当别论，如果是基于正义，还是可以适当地挡人财路的。

金字塔顶端的人也有过坎坷和屈辱

那些已经站在人生金字塔顶上的人，也一定有过坎坷和屈辱，也一定有过"低人一等"的经历，只不过是他不甘现状，不甘人下，比常人付出了更多的努力，然后才攀上人生巅峰的。

郭宏伟是一所大学的英语教师，他的课一直深受同学们的欢迎，后来就为托福考试办培训班。在办班的几年时间里，郭宏伟除了赚取一定数量的金钱之外，还开阔了眼界，头脑变得机敏了许多。

他下决心干一番属于自己的事业，于是他离开了曾经工作过六年的大学校园，到北京的一家俱乐部工作。北京的俱乐部大多数为会员制，要想有所发展，必须要大力发展会员。而在俱乐部里，衡量一个人的工作业绩，主要是看他又发展了多少会员，以及售出去了多少张会员卡。他的领导告诉他，他现在唯一需要做的就是一件事——售卡。

那段时间里，郭宏伟对一切都感到生疏，也没有什么可以利用的关系。但他以前可是一名令人羡慕的大学教师啊。现在他决定采取一个笨办法：扫楼。"扫楼"是业内人士的术语，即大大小小的公司都聚集在写字楼里，你要一家一家地跑，一家一家地问。那种情形就跟扫楼差不多。当然，你必须要找经理以上的高级管理人员，普通的白领是难以接受价格不菲的会员卡的。

郭宏伟的生活从此开始发生了180度的大转变。如今，他变成了一个"厚脸皮"的推销员。那是一种什么样的感觉？他的失落感十分强烈。他对自己的选择开始产生怀疑了，如果留在学校里教书不是很好吗？

郭宏伟渐渐发现，那些冷如冰霜的客气，其实还是对他最大的"礼遇"，因为公司里的秘书可以随便找个理由将他拒之门外。她们对自己的请求应付自如。在许多公司的大门上都贴着"谢绝推销""推销人员禁止入内"等标识语，在这种情况下，他得装出一副视而不见的样子，而且还要大说特说俱乐部的好处，一直说到别人大动肝火。

　　有一个朋友问过郭宏伟关于"扫楼"的事情。那个朋友轻描淡写地说："'扫楼'是不是很威风，一层一层，挨门逐户，就像鬼子进村扫荡一样的？"郭宏伟听完这番话，心底就泛起了一些莫名的感伤。往事不堪回首，他至今还清楚地记得"扫楼"之初的那种艰难困苦。他曾经精确地统计过，他的最高记录是一天内跑了7栋写字楼，"扫"了58家公司，浑身的感觉就像是散了架一样，腿和脚都不是自己的了，别说走路，再想挪动一下都困难。那天晚上，他乘电梯从楼上下来，在电梯间里，他感到自己的胃正在一阵阵痉挛、抽搐、恶心，很想找个清静的地方大吐一场。他那时才记起自己已是12个小时未进任何食物了。

　　如果推销会员卡只有"扫楼"这一种方式，那么很少有人能够坚持下去，也很少有人能够成功。"扫楼"只是步入这类行业的初始阶段，秘诀还是有的。后来，郭宏伟明显地感受到了"扫楼"给他带来的好处。大约四个月后，郭宏伟开始出现在俱乐部召开的各种招待酒会上。出席这类酒会的人都是些事业有成、志得意满的公司老板和个体商人，也就是人们通常所说的大款。置身于这样的环境中，郭宏伟发现那些如同铁板一样的面孔不见了，那些刺痛人心的冷言冷语不见了。现在出现的可能是真正意义上的彬彬有礼。他感到一下子就放开了自己。他知道他们需要什么，知道他们需要听从什么样的劝告。这是很重要的，因为他一下子就能拉近与他们之间的距离。他的语言，他的讲解，也不是那样干巴巴的，仿佛带有一种难以抗拒的诱惑力。他告诉他们，俱乐部将会给他们最优质的服务，而购买价格昂贵的会员卡，就是一种地位、身份和财富的象征。

在一次专为外国人举办的酒会上，没有人比他更为活跃了。别忘了，他有一口纯正、流利的英语，这让他一下子就与老外们打成了一片。他曾经一个下午同时向五个老外推销，结果竟然售出了六张会员卡，其中有一个人多买了一张，是送给他朋友的。每张会员卡3万美金，每售出一张会员卡，销售人员可以从中提取10%—20%的佣金。郭宏伟一下午的收入就很容易推算了。或许正因为收入丰厚，而且也不需要经过特殊准备，越来越多的年轻人在这种诱惑下开始进入俱乐部的大门，成为新的一批"扫楼"者。

自那以后，郭宏伟在几个俱乐部之间"跳来跳去"。到了1998年初，他终于在一家俱乐部安营扎寨。此时的他已经不用再去"扫楼"了，即使是参加招待酒会，他也不用怂恿别人去买会员卡了。他凭借着销售业绩和良好的敬业精神，从销售员、销售经理、销售总监一直坐到了副总裁的位置上。

当然，这个金字塔顶端的人当初的坎坷和屈辱，大家都是有目共睹的。

成功了也别得意忘形

有的人偶尔成功一次，便得意忘形，一副"唯我独尊"的样子，这种人即使成功了，也不会太长久。因为自古就有"骄兵必败"之说。骄傲就会轻敌，这是兵家之大忌。

"退避三舍"的典故，说的是春秋时的事情。晋公子重耳为逃避政敌，亡命到了楚国。楚成王对他热情款待，酒酣耳热之际，楚成王突发奇想，认定眼前这位落魄潦倒的丧家公子，日后必能重返晋国政坛。考虑到将来晋楚两国的关系，楚成王问道："如果公子得以执晋国之宗庙，将用什么来报答楚国今天对公子的接待之恩呢？"

重耳倒也会说，他恭恭敬敬地答道："如果有朝一日，重耳托您的福能够重返父母之邦，执晋国社稷之重，别人不敢说，重耳至少可以保证，万一楚晋两国交战，在中原兵戎相见的话，重耳一定命晋军退避三舍。"

楚成王听了也没当回事，心想，以重耳现在这个状态，能苟延残喘地保住性命，不死在流亡的路上就算不错了。于是，楚成王就只当听了个笑话。

可是万万没想到，重耳后来被迎回晋国继承君位，成了春秋五霸之一的晋文公。

著名的楚晋城濮之战打起来的时候，重耳命令晋国的雄师："不要抵抗！全军后退三十里！"

楚军乘势追了上来，只是由于天色已晚，才没打得起来，准备次日交锋。

第二天也是这样。晋军是节节退让，楚军是步步紧逼。

到了第四天重耳说话了："我军连撤了三天，每日一舍三十里，如今正好退够了三舍，已经算是兑现了当年寡人对楚王的诺言了，现在要攻击楚军薄弱的两翼，杀败了楚军，全军有赏！"

清理完战场，将士们纷纷向晋文公请教，都奇怪晋军这支弱旅为什么能以弱胜强，打垮气势汹汹的楚军呢？

重耳微笑道："你们以为寡人真的是为了'退避三舍'的诺言吗？敌强我弱，如果一上来就硬拼，恐怕退的就不止这九十里！寡人用的这叫骄敌之计！让楚军以为我们真怕他们，行军的次序自然会因骄而乱，布阵的策略自然会因骄而错，三军的士气自然会因骄而浮，而我军连退三日，士卒们都憋足了一股劲，这时候，强弱之势已然悄悄地发生了变化，变成我强敌弱了。这个道理其实很浅显，只不过楚军被骄傲冲昏了头脑，看不出来而已！"

看来，一时的成功并不能代表最终的成功，倘若因此而得意忘形，必然会导致失败。可见，这种"内功"的修炼，确实关系到事业的成败。

姿态越高，身份越低

生活中，爱摆架子、高姿态的人比比皆是，哪怕只是当了个芝麻大的官，也要把官腔打足，官架摆足。但在别人面前摆架子，其实是最愚蠢的行为。有人说："姿态越高，身份越低。"如果你总是以一副不可一世的姿态对人，久而久之，亲朋好友也必定对你敬而远之。

爱摆架子的人，容易自以为是，比较容易指点江山，挥斥方遒。他们往往是弄明白了一个问题，就误以为无所不知了；做成功了一件事，就误以为自己什么事都能做成。

殊不知，一味地装腔作势只会让别人敢怒不敢言，表面上恭恭敬敬，心里却巴望着你一头栽下去，永世不得翻身。要知道，摆架子很容易疏远彼此关系，搞不好，还会使自己"臭名远播"。

时下很多人以"老板"自居，一副高高在上的姿态，听不进员工的意见，不关心员工的想法。平时喜欢对员工指手画脚，批评时更是声色俱厉，缺少谦和的态度。不知这些老板是否清楚，他们的"架子"越大，官气越足，员工就越反感，与他们的距离就越远。日积月累，不仅不利于各项工作的开展，员工的意见也会越来越大。

其实，究竟能不能当好老板，不在于"官架子"端得大不大，而在于是否具有亲和力，是否得到了员工的认可，能不能让员工真正地信服和敬仰。那些有"官样"的老板，事实上成了凌驾于员工之上的"老爷"，让员工敬而远之。

一位为官光明磊落、深受群众爱戴的领导干部曾经这样说过："为官不要自觉高人三等，而应自觉低人三等。"同样，做老板的也要把自己的姿态放低，只有这样才能赢得员工的心。

为人要时时小心，无论是与谁相处，即使是你的下属，也要改掉爱摆臭架子的坏习惯。

1964 年，68 岁高龄的土光敏夫就任东芝董事长，他经常不带秘书，独自一人巡视工厂，遍访东芝散设在门本各地的三十多家企业。身为一家公司的董事长，亲自步行到工厂已经非同小可，更妙的是他常常提着一瓶一升的日本清酒去慰劳员工，跟他们共饮。这让员工们大吃一惊，有点不知所措，又有点受宠若惊的感觉。没有人会想到一位身为大公司董事长的人，会亲自提着笨重的清酒来跟他们一起喝。因此工人们称赞他为"提着酒瓶子的大老板"。

土光敏夫平易近人的低姿态使他和职工建立了深厚的感情。即使是星期天，他也会到工厂转转，与保卫人员和值班人员亲切交谈。他曾经说过："我非常喜欢和我的职工交往，无论哪种人，我都喜欢和他交谈，因为从中我可以听到许多创造性的语言，获得巨大收益。"

的确，通过对基层群众的直接调查，不仅获得了宝贵的第一手资料，而且弄清了企业亏损的种种原因，还获得了许多有价值的建议，更重要的是赢得了员工的好感和信任。

实践证明，更具亲和力的人最讨人喜欢。他们不摆高姿态，常常忘掉自己的身份，和其他人真心交朋友。他们把自己的亲和力逐渐变成了影响力，影响着其他人。

所以，我们说，有地位是好事，它是一个人工作能力和资历的体现，也是一个人事业有成的佐证；但切不可因此而趾高气扬，在亲朋和好友面前炫耀、不可一世。

第二次世界大战胜利前夕，美军将领艾森豪威尔在莱茵河畔散步，这时有一个神情沮丧的士兵迎面走来。士兵见到将军，一时紧张得不知所措。

艾森豪威尔笑容可掬地问他："你的感觉怎么样，孩子？"

士兵直言相告："将军，我特别紧张。"

"噢，那我们一样，我也如此。"几句话，便让那个士兵的精神放松下来，很自然地同将军聊起天来。

如果你想与别人融洽相处，并赢得对方的尊重和爱戴，就得以一种低姿态出现在他面前，表现得谦虚、平和、朴实、憨厚，甚至毕恭毕敬，让对方感到自己被尊重。这样他才会放松对你的警惕性，与你平等交流。与同学、同事的交往更应如此，因为你们是在同一片天空下长大的人，在很多方面有相似之处。你如果总是表现出一副狂妄、傲慢的姿态，不仅不会让你在他们面前显得更高大，更有成就，而只会让你们之间的交谈变得不顺利，只会使得你们之间的关系变得更加糟糕，当然也不会赢得他们的尊重和爱戴。

有一天，华盛顿身穿没膝的大衣独自一个人走出营房。他所遇到的士兵，没有一个能认出他。在一个地方，他看到一个下士领着士兵们正在修筑街垒。

那个下士把自己的双手插在衣袋里，只是对抬着巨大的水泥块的士兵们发号施令。尽管下士的喉咙都快要喊破了，士兵们经过多次努力，还是不能把石头放到位置上。

石块眼看着就要滚下来了，士兵们的力气却快要用完了。这时，华盛顿疾步上前，用他强劲的臂膀顶住石块。这一举动很是及时，石块终于放到了位置上。士兵们转过身，对华盛顿并表示感谢。

华盛顿问那个下士说："你为什么只喊加油而让自己的双手放在衣袋里？"

"你问我？难道你看不出我是这里的下士吗？"那下士鼻孔朝天，背着双手，很不以为然地回答道。

华盛顿听了那下士这样回答，不慌不忙地解开自己的大衣、露出自己的军服，说道："从军服上看，我就是上将。不过，下次再抬重东西时，你可以叫上我。"下士这时才知道自己面前的人是华盛顿，瞬间羞愧到了极点。

如果你是一个爱摆臭架子、高姿态的人，那么，就请你改改你的坏毛病，否则，你将永远也不能做成事情。

收起锋芒，保护自己

人立身处事，不矜功自夸，收起锋芒，这样才可以很好地保护自己，成就自己。

韩信是汉朝的第一功臣，汉中献计出兵陈仓，平定三秦；率军破魏，俘获魏王豹；收降燕，扫荡齐，力挫楚军。司马迁称，汉朝的天下，三分之二是韩信打下来的。但是他功高震主，又不能隐藏自己的锋芒，加上他犯了大忌，看到他曾经的部下与自己平起平坐，心中难免矜功不平。樊哙是一员猛将，又是刘邦的连襟，每次韩信访问他，他都是"拜迎送"。但韩信一出门，总要说："我今天倒与这样的人为伍！"自傲如此，全然没有了当年甘受胯下之辱的情形。如此便一步步走上了绝路。

后人评价说，如果韩信不矜功自傲，收起自己的锋芒，谦逊退避，刘邦再霸道无理也许也不会对他下手。

古时有"扮猪吃虎"的计谋。以此计施于强劲的敌手，就是在其面前尽量收起自己的锋芒，表面上百依百顺，装出一副为奴为婢的卑恭，不让对方起疑心，一旦时机成熟，即一举将对手制服。这就是"扮猪吃虎"的妙用。

孔子年轻的时候，曾经受教于老子。当时老子曾对他讲："良贾深藏若虚，君子盛德容貌若愚。"即善于做生意的商人，总是隐藏其宝货，不令人轻易见之；而君子之人，品德高尚，但容貌却显得愚笨。其含意是告诫人们，过分炫耀自己的能力，将欲望或精力不加节制地滥用，是毫无益处的。

《三国演义》中有一段曹操煮酒论英雄的故事。

当时刘备落难投靠曹操，曹操接纳了刘备。刘备住在许都，以衣带诏签名后，为防曹操谋害，就在后园种菜，亲自浇灌，以此迷惑曹操，使其放松对自己的注意。一日，曹操约刘备入府饮酒，议起谁为世之英雄。刘备点遍袁术、袁绍、刘表、孙策、刘璋、张绣、张鲁，均被曹操否决。曹操指出英雄的标准——"胸怀大志，腹有良谋，有包藏宇宙之机，吞吐天地之志"。刘备问"谁人当之"，曹操说，只有刘备与他才是。刘备本以韬晦之计栖身许都，被曹操点破是英雄后，竟吓得把匙箸也丢落在地。适逢大雨将至，雷声大作，刘备从容俯拾匙箸，并说"一震之威，乃至于此"，巧妙地将自己的慌乱掩饰了过去，从而也避免了一场劫数。

这说明，刘备很好地隐藏了自己的锋芒。

1805年，拿破仑乘胜追击，俄军到了关键的决战时刻。此时，沙皇亚历山大见自己的近卫军和增援部队到来，便不想撤退而欲与法军决战。库图佐夫劝他继续撤退，等待普鲁士军队参加反法战争。此时拿破仑知道了俄军内部的意见分歧，害怕库图佐夫一旦说服沙皇，就会失去战机，于是装出一见俄军增援到来就害怕的样子，停止追击，派人求和，愿意接受一部分屈辱条件。这更加刺激了沙皇，他以为拿破仑如果不是走投无路，这样傲慢的人绝不会主动求和，因此断定现在正是回师大败拿破仑的时机，于是不听库图佐夫的意见，向法军展开进攻，结果落进了法军的圈套，被法军打得狼狈不堪。

由此可见，隐藏了自己锋芒的拿破仑，轻松地取得了战争的胜利。

请不要过度地张扬个性

我们的种种媒体，包括网络、图书、杂志、电视等也都在宣扬个性的重要性。不难发现，许多公众人物都有着非常突出的个性。不管他是一个科学家，还是一个军事家或者艺术家。爱因斯坦在日常生活中非常不拘小节，巴顿将军性格极其粗野，画家梵高是一个疯狂的人。

公众人物因为有突出的成就，所以他们许多怪异的行为往往被社会广为宣传，有些人甚至产生这样的错觉：怪异的行为正是名人和天才人物的标志，是其成功的秘诀。我们只要分析一下，就会发现这种想法是十分荒谬的。

有的公众人物确实有突出的个性，但他们的这种个性往往表现在创造性的才华和能力之中。正是他们的成就和才华，他们的特殊个性才得到了社会的肯定。如果是一个一般的人，一个没有多少本领的人，他们的那些特殊的行为可能只会得到别人的嘲笑和不理解，所以只有有才能的人才更适合拥有一些特殊的个性。

年轻人为什么那么喜欢谈个性，并且喜欢张扬个性呢？我们先探讨一下年轻人所张扬的个性的具体内容是什么。

他们张扬的个性相当一部分是一种习气，是一种希望自己能任性而为所欲为的愿望。年轻人有许多情绪，他们希望畅快地发泄自己的情绪。他们不希望把自己的行为束缚在很复杂的条条框框中。所以年轻人喜欢张扬个性。

但是如果张扬个性仅仅是一种任性，仅仅是一种意气用事，甚至是对自己的缺陷和陋习的一种放纵的话，那么这样的张扬个性对你的前途肯定是没有好处的。

年轻人非常喜欢引用但丁的一句名言："走自己的路，让别人去说吧！"但作为一个社会中的人，我们真的能这么"洒脱"吗？比如你走在公路上，如果仅仅走自己的路而不注意交通规则的话，警察就会来干涉你，会罚你的款。如果你走路不注意安全，横冲直撞的话，还有可能出车祸。所以"走自己的路，让别人去说吧"，这种态度在现实生活中是不大行得通的。

社会是一个由无数个体组成的群体，我们每一个人的生存空间并不很大。所以当你想伸展四肢舒服一下的时候，必须考虑不要碰到别人。当我们需要张扬个性的时候，必须考虑到我们张扬的是什么，必须注意到别人的接受程度。如果你的这种个性是一种非常明显的缺点，你最好的选择将它适度调整一下，而不是去过度张扬它。

我们必须注意，不要使过度张扬个性成为我们纵容自己缺点的一种漂亮的借口。

走向社会之后，社会需要我们做什么呢？

社会需要我们创造价值。社会首先关注的不是我们具有什么样的个性，而是我们具有什么样的工作品质。如果我们的工作品质是有利于创造价值的，我们就会受到社会的欢迎；否则，我们就会受到社会的冷遇。个性也不例外，只有当你的个性有利于创造价值，是一种生产型的个性，你的个性才能被社会接受。

巴顿将军的性格粗暴，他之所以能被周围的人接受，原因是他是一个优秀的将军，他能打仗。否则，他也会因为性格的粗暴而遭到社会的排斥。

陈景润在日常生活上可以说是很低能的，他的这种低能之所以能被社会理解，是因为他是一个大数学家，是因为他摒弃了日常生活中的种种兴趣，把精力全部投入到数学研究中去了。

所以我们应该明白，社会需要的是生产型的个性，只有你的个性能融合到创造性的才华和能力之中，你的个性才能够被社会接受；如果你的个性没有表现为一种才能，仅仅表现为一种脾气，它往往只能给你带来不好的结果。

纵观社会上性格成熟的、成功的人士，我们发现中国有一个非常普遍的现象：很多在社会上功成名就的人，在他们各自的专业中，他们非常有个性，而在日常生活中。他们非常注意调整自己的个性。

在中国这个强调群体一律的社会环境中，过度地强调张扬个性对你并没有什么好处。我们应该把个性表现在创造性的才能中。在日常生活中，我们还是应该表现得更正常一些，更理智一些，和我们周围的人融洽相处。

低头弯腰是为了自我保护

风一吹便低俯的草，其实是饱经风霜，经过无数次考验的坚韧之草。人生何尝不是如此。低头弯腰是我了自我保护，强硬只能"夭折"得更快。现实生活中，很多人都会碰到不尽人意的事情。需

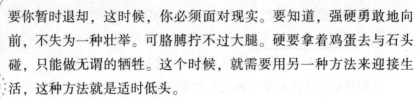

要你暂时退却，这时候，你必须面对现实。要知道，强硬勇敢地向前，不失为一种壮举。可胳膊拧不过大腿。硬要拿着鸡蛋去与石头碰，只能做无谓的牺牲。这个时候，就需要用另一种方法来迎接生活，这种方法就是适时低头。

《史记》中记载着这样一个故事：

战国时期，范雎本是魏国人，后来因受排挤去了秦国，向秦昭王献上了"远交近攻"的军事策略，深为秦昭王赏识，于是范雎被升为宰相。但是他所推荐的郑安平与赵国作战惨败而归。这件事使范雎意志消沉，按秦法，只要被推荐的人出了纰漏，推荐人也要受连坐处分。但是秦昭王并没有问罪范雎，这使得范雎的心情更加沉重。

有一次，秦昭王叹气道："现在内无良相，外无勇将，秦国的前途实在令人担忧啊！"秦昭王原想刺激范雎，要他振作起来再为国家效力。可是范雎心感到十分恐惧，并且误会了秦王的意思。恰好这时有个叫蔡泽的辩士来拜访范雎，对范雎说道："四季的变化是周而复始的。春天完成了滋生万物的任务后就让位给夏天；夏天结束养育万物的责任后就让位给秋天；秋天完成成熟的任务后，就让位给冬天；冬天把万物收藏起来，又让位给春天……这便是四季的循环法则。如今你的地位，在一人之下万人之上，日子一久，恐有不测，应该把它让给别人，才是明哲保身之道。"范雎听后，大受启发，便立刻隐退，并且推荐蔡泽继任宰相。这样不仅保全了自己的富贵，而且也表现出他大度无私的精神风貌。后来，蔡泽就宰相位，为秦国的强大作出了重要贡献。当他听到有人责难他后，也毫不犹豫地舍弃了宰相的宝座而做了"范雎第二"。

可见聪明的智者都不会一味地贪图富贵安逸，在适当的时候，他们都会主动退出舞台，以保全自身。

在生活中历练过的人，都能了解。谦虚往往被看成软弱。其实，这种生活态度与其说是软弱，不如说是尝遍人世辛酸之后一种必然的成熟。那些昂然高论，不以为然的人，对这个问题，乃至人生的认识显然有限，因而表现出来的，只是一种无知的强劲，一种似强实弱的强。真正的智慧，属于谦逊的人。

俗话讲，退一步海阔天空。暂时退却，养精蓄锐，等待时机，重新筹划，这时再进便会更快、更好、更有力。有时候，不刻意追求反而更容易得到，追求得太迫切、太执著反而只能徒增烦恼。以柔克刚，以退为进，这种曲线的生存方式，有时比直线的方式更有成效。

月盈则亏，福满祸及

"功高震主者身危，名满天下者不赏""弓满则折，月满则缺"，这是亘古不变的真理。当一个人的名利、权位志得意满时应该见好就收，要有急流勇退的明哲保身态度，尽早觉悟。"功成身退，天之道也"。我国历史上，孙武、张良等功成身退的事例，都给我们留下了很多成功做事的范例；反之，如果在紧要关头不能做到急流勇退，到头来只会像李斯一样发出"出上蔡东门逐狡兔，岂可得呼"的哀鸣，会像萧何那样蒙受银铛入狱的屈辱，会像韩信那样落得"兔死狗烹"的下场。现实生活中"爬得越高，摔得越重"不是更能证明此中道理吗？

谚语说："月盈则亏，福满祸及。"历史上有很多事例便能说明这个道理。

范蠡是越王勾践的谋臣，曾与以"卧薪尝胆"而闻名的越王勾践一起同甘共苦，君臣一心，最终打败吴王，范蠡因此而被任命为大将军。然而就在位极人臣的时候，他却销声匿迹了。据《史记》记载，范蠡后来到齐国，与儿子共耕农园，积聚田产数十万。齐国看中他的才华，欲请他出任宰相，他却答道："在野有千金之财，在位有宰相之名，以匹夫而言，这是至高无上的荣耀了，然而过度的荣华却容易形成祸根。"说完，便将财产分赠林人，前往陶地，从此改名陶朱公。

与范蠡形成鲜明对比，几乎同一时期的另一历史人物——文种也是勾践的重臣，为打败吴国立下了汗马功劳。他功成名就以后，仍然继续仕越王。其间范蠡曾写给他一封信说："飞鸟尽，良弓藏，狡兔死，走狗烹。越王的长相，颈项细长如鹤，嘴唇尖突像乌鸦，这种人只可以与他共担患难，却不能同享安乐，你现在不离去，更待何时？"后来文种也称病返乡，但做得不如范蠡彻底，文种仍然留在越国，其名仍威慑朝野，功成名就之后自然有佞臣欲陷害于他，诬称文种欲起兵作乱。越王故而以谋反罪将文种处死。

人人都希望过着幸福的生活，但有几人能像范蠡那样呢？只知进，不知退，久居高位的，遭"文种之祸"者，又何止一人？

功成身退说说容易，真是要"退"可就难了。自己亲手打的天下自己不享受一番就"身退"？有谁放着一幢豪华住宅不住，却偏偏跑到野外去睡茅草屋呢？因此要有长远的目光，在轰轰烈烈之际预感潜伏的危险，克制自己的私欲，这不仅是一种处世的智慧，也是一种人生境界。如果贪婪心重，嗜欲太深，无功也希望受禄，那后果将会是非常惨的。

第八章

做事心理学

生活中不可忽视的细节

有这样一个故事，对我们每个人都具有借鉴意义：

某名企招聘职业经理人，应聘者云集，其中不乏高学历、多证书、有多年相关工作经验的人。经过初试、笔试、面试三轮淘汰后，只剩下六名应聘者，但公司最终只选择一人作为经理人。所以，第四轮将由老板亲自面试。看来，接下来的角逐将会更加激烈。

可是当面试开始时，主考官却发现考场上多出了一个人，出现第七个应聘者，于是就问道："有不是来参加面试的人吗？"这时，坐在最后面的一个男子站起身说："先生，我第一轮就被淘汰了，但我想参加这次面试。"

在场的人听到他这样讲，都笑了，就连站在门口为人们倒水的那位老人也忍俊不禁。主考官也不以为然地问："你连第一关都过不了，又有什么必要来参加这次面试呢？"这位男子说："因为我掌握了别人没有的财富，我本人即是一笔很大的财富。"大家又一次哈哈大笑起来，都认为这个人不是头脑有问题，就是狂妄自大。

这个男子说："我虽然只是本科毕业，可是我却有着十年的工作经验，曾在十二家公司任过职……"这时主考官马上插话说："虽然你的学历一般，但是工作十年倒是很不错，不过你却先后跳槽十二家公司，这可不是一种令人欣赏的行为。"

男子说："先生，我没有跳槽，而是那十二家公司先后倒闭了。"在场的人第三次笑了。其中一个应聘者说："你真是一个十足的失败者！"男子也笑了："不，这不是我的失败，而是那些公司的失败。那些失败已经积累成我自己现在的财富。"

这时，站在门口的老人走上前，给主考官倒茶。男子继续说："我很了解那十二家公司，我曾与同事努力挽救它们，虽然不成功，但我知道之所以失败的原因以及每一个细节，并从中学到了许多东西，这是其他人所学不到的。很多人只是追求成功，而我，更有经验避免错误与失败！"

男子停了一会儿，接着说："我深知，成功的经验大抵相似，容易模仿；而失败的原因各有不同。用十年学习成功经验，不如用同样的时间经历错误与失败，所学的东西更多、更深刻；别人的成功经历很难成为我们的财富，但别人的失败过程却是！"

男子离开座位，正要转身出门之时，又忽然回过头道："这十年经历的十二家公司，培养、锻炼了我对人、对事、对未来的敏锐洞察力，举个小例子吧——真正的考官，不是您，而是这位倒茶的老人……"

在场的所有人都感到惊愕，纷纷将目光转而注视着倒茶的老人。那老人诧异之际，很快恢复了镇静，随后笑了："很好！你被录取了，因为我想知道——你是如何知道这一切的？"

老人承认他确实是这家企业的老板。这次轮到这个男子笑了。

一个人的能力是一种不能用编程来表现的东西，因而是学不到的。世事洞明皆学问，人情练达即文章。这个考生能够从倒茶水的老人的眼神、气度、举止等，看出他是这个企业的老板，说明这个考生是一个观察力很强的人。这种洞察入微的功夫不是一朝一夕能够练就的，而需要长期的积累，在注重对每一个细节的观察中不断地训练和提高。

一心渴望伟大、追求伟大，伟大却了无踪影；甘于平淡，认真做好每个细节，伟大却不期而至。这就是细节的魅力，是水到渠成后的惊喜。

一位医学院的教授在上课的第一天就对他的学生说："作为一名医生，最要紧的就是胆大心细！"说完，便将一只手指伸进桌子上一只盛满尿液的杯子里，接着再把手指放进自己的嘴中，随后教授将那只杯子递给学生，让这些学生学着他的样子做。看着每个学生都把手指探入杯中，然后再塞进嘴里，忍着呕吐的狼狈样子，他微微笑了笑说："不错，不错，你们每个人都够胆大的。"紧接着教授又难过起来："只可惜你们看得不够心细，没有注意到我探入尿杯的是食指，放进嘴里的却是中指啊！"

教授这样做的本意，是教育学生在科研与工作中都要注意细节。相信尝过尿液的学生应该终生能够记住这次"教训"。

注意细节其实是一种功夫，这种功夫是靠日积月累培养出来的。谈到日积月累，就不能不涉及到习惯，因为人的行为的95%都是受习惯影响的，在习惯中积累功夫，培养素质。勉强成习惯，习惯成自然。爱因斯坦曾说过这样一句有意思的话："如果人们已经忘记了他们在学校里所学的一切，那么所留下的就是教育。"也就是说"忘不掉的是真正的素质"。而习惯正是忘不掉的最重要的素质之一，否则，怎么会说"好运气不如好习惯"呢？

海尔总裁张瑞敏说："什么是不简单？把每一件简单的事做好就是不简单；什么是不平凡？把每一件平凡的事做好就是不平凡。"在海尔厂区上下班时工人走路全部靠右边走，没有其他企业员工潮进潮出的现象，完全按交通规则，这就是不简单。难吗？不难。行人靠右走这是小学生都懂的规则，可很多企业没做到，海尔却做到了。这就是素质，海尔人的素质，在走路这一小小的细节上就体现出来了！

如果没有良好习惯为基础，任何理想的大厦都难以建立起来。而习惯恰恰是由日常生活中的一点一滴的细微之处的不断积累所形成的。所以，古人说的好："勿以善小而不为，勿以恶小而为之。"从更深刻的意义上讲，习惯是人生之基，而基础水平决定人的发展水平。俄罗斯教育家乌申斯基说："良好的习惯是人在其思维习惯中所存放的道德资本，这个资本会不断增长，一个人毕生可以享受它的'利息'。"另一方面，"坏习惯在同样的程度上就是一笔道德上未偿清的债务，这种债务能以其不断增长的利息折磨人，使他最好的创举失败，并把他引到道德破产的地步……"

要把重视细节、将小事做细培养成一种习惯。成功的为人处世是一个日积月累、持续不断的过程，任何希图侥幸、立时有成的想法都注定要失败的。

"海不择细流，故能成其大；山不拒细壤，方能成其高"，说的是细小事物的巨大力量，但更多的人却不明白这个道理，太多的人，总不关注小事和事情的细节。忽略这些细节对于欲出人头地者，实在是不应该。

有一天，一位中年妇女从对面的福特汽车销售商行走进了吉拉德的汽车展销室。她说自己很想买一辆白色的福特车，就像她表姐开的那辆，但是福特车行的经销商让她过一个小时之后再去，所以先过这儿来瞧一瞧。

"夫人，欢迎您来看我的车。"吉拉德微笑着说。妇女兴奋地告诉他："今天是我 55 岁的生日，想买一辆白色的福特车送给自己作为生日的礼物。""夫人，祝您生日快乐！"吉拉德热情地祝贺道。随后，他轻声地向身边的助手交代了几句。

吉拉德领着夫人从一辆辆新车面前慢慢走过，边看边介绍。在来到一辆雪佛莱车前时，他说："夫人，您对白色情有独钟，瞧这辆双门式轿车，也是白色的。"就在这时，助手走了进来，把一束玫瑰花交给了吉拉德。他把这束漂亮的鲜花送给夫人，再次对她的生日表示祝贺。

那位夫人感动得热泪盈眶，非常激动地说："先生，太感谢您了，已经很久没有人给我送过礼物。刚才那位福特车的推销商看到我开着一辆旧车，一定以为我买不起新车，所以在我提出要看一看车时，他就推辞说需要出去收一笔钱，我只好上您这儿来等他。现在想一想，也不一定非要买福特车不可。"就这样，这位妇女就在吉拉德这儿买了一辆白色的雪佛莱轿车。

吉拉德对于细节的重视最终使那位妇女改变了只买福特车的想法，而转买了雪佛莱轿车。对于细节的把握，正是使吉拉德促成这笔生意的原因。

其实，看来微不足道的事情，其中大都蕴藏着巨大的机会。

做事之前权衡利弊

做事的目的是为了追求和获得某种利益。如果在做事的过程中，能达到利益平衡，甚至让对方得到的更多，这显然是一种将事情做得比较好的一种状态；如果不懂得权衡利弊，仅从自己的私利出发，不顾他人的利益，做事便会困难重重。

东汉光武帝时期，湖阳公主新寡，光武帝和她一块儿议论朝廷大臣，暗地观察公主心仪哪一位大臣。公主说："宋弘的风度、容貌、品德，大臣们没一个能比得上……"光武帝说："我正要筹划办这件事。"没过多久，宋弘就被光武帝召见，光武帝叫湖阳公主坐在屏风后面，光武帝对宋弘说："谚语云：'显贵换知交，发财易新妻'，这是人之常情吧？"宋弘说："古语云，'贫贱之交不可忘，糟糠之妻不下堂。'共患难的妻子是不应该被赶出家门的。"光武帝转头对屏风后面的公主说："这件事情恐难成全啊！"

显然，这件事属于不该办的事，臣子宋弘有妻室，湖阳公主显然是属于"第三者插足"。如果皇帝办成了这件事，在当时虽然不属违法行为，但却违背了情理。难能可贵的是，光武帝办事能够权衡利弊，灵活处理了这件事情，他懂得一个人做要一件事，之前必须要权衡利弊，应该多为别人着想。

虽然做事情都是为了追求和获取某种利益，但如果只是单方面地获得，肯定不利于做事情的成功，如果只考虑自己有利而不考虑他人的利益，这种做事的态度就不利于做事的结果，即使已经获得了好处，也只是暂时的，最终是得不偿失的。

有一个家属院，南北长约1.5公里，家属院的东边是一条公路，公路与家属院中间隔着一片沿街商业楼，对面有学校、医院、市场。人们从家属院到公路对面，必须绕一段很长的弯路，每天都要多走不少冤枉路。后来，家属院东边的沿街楼来了一家开海鲜酒店的，很多人都说这老板肯定得赔本，因为这个地方虽然紧邻公路，但做买卖的在这个地段几乎都不挣钱。而这个老板却有自己的想法，他不仅在这儿开酒店，还把相邻店铺也给租了下来。在装修之时，老板让装修工人将其中一间房子的墙给砸了，改成一个家属院通往公路的过道。住在家属院的人上班下班接孩子都可以走这条过道，老板很和气，慢慢地和家属院里的人都成了朋友。家属院的人在他那儿或放些东西、或给别人捎话，有时孩子放学家里没人便在那儿等着，甚至做作业，凡此种种，老板一律热情以待，并且规定凡是家属院里的人来吃饭一律九五折。谁也不曾想到这家酒店的生意会那么好，每天到吃饭的时候，门前的车停不下，就停到别的地方去；有时没位置了，还要排队。这样的店，这样的生意，在这个城市里也是少有的，有人说是菜好吃，有人说是服务好，反正大家都爱到那儿去，有时在别的地方办完事，大老远的还得到这儿来吃饭。

老板挣了一些钱的时候，就把这个店面卖了，去租了一家大型饭店。买下这个店面的老板依旧开着海鲜酒店，刚开业时，他也进行了装修，不同的是，他把先前那个老板砸开的墙又给砌了起来，酒店便多了一个单间。新来的老板人很精明，凡是有利于生意的事，他都努力去做，但不知怎么生意却并不好，渐渐地门前冷落，车马稀少，生意自然也一天天衰败起来。眼看就要关门大吉，老板不甘心，就去原来的老板那儿"取经"，一见面便抱怨道："我和你在一个位置开酒店，我的厨师不比你的厨师差，为什么你挣钱，我却赔钱？"原来的老板笑了笑，拍了拍他的肩膀说："你应该牢牢记住，钱是装在别人口袋里的。做生意要仔细权衡利弊，给足了顾客好处，你才能获得利益。"老板回去想了半夜，终于恍然大悟，第二天便叫人把那面墙给砸开了。

我们常听说这样一句话："与人方便，与己方便。"是的，在现实生活中，如果没有了爱心，人人都想着自己而没有顾及他人，生活也将变得冷酷无情。所以有的时候，我们必须为他人的利益着想，给他人以方便，权衡利弊。正因为利益的均衡，才能让自己将要做的事情顺理成章地进行。

成大事者拘"小节"

很多时候，成功与我们仅有一步之遥，就是因为一些细微之处的疏漏，结果最终招致失败。致使以前所有的努力、汗水都付之东流。实际上，成功者与失败者之间并没有天壤之别。差别往往是一些细节上的功夫。而危机则往往存在于那些不被人所重视的细微之处，忽视细节就等于放弃成功。

不少企业都把着眼点放在大事情、大手笔、国际视野上，表面上看，宏观方面把握得很好。最后却因细节上做得不到位，大手笔也就不了了之。

国内有一家国有企业与美国公司洽谈合作事宜，为了合作成功，这家企业前期花了大量功夫做准备工作。在一切准备就绪之后，美方专程从纽约派了一位谈判人员来企业考察。在这家企业领导的陪同下，美方代表兴致勃勃地参观了企业的生产车间、技术中心等一些场所，对中方的设备、技术水平等都表示非常满意。中方非常高兴，于是设宴款待美方代表一行。宴会选在当地一家非常豪华的大酒楼，有20多位企业中层领导及市政府的官员前来作陪。

美方代表在回国之后，旋即发来一份传真，婉言谢绝了与这家中国企业的合作。中方百思不得其解，他们认为企业的各种条件都能满足美方的要求，对代表的招待也热情周到，却莫名其妙地遭到美方拒绝，不知道是哪一个环节出了问题？于是便向美方发信函询问。美方老板回复说："你们吃一顿饭尚且如此破费，要把大笔的资金投入进去，又如何让我们放心呢？"

对于这家国有企业来说，能得到一笔巨额投资，这对其未来发展具有重要作用，但他们万万没想到的是，这样一件合作的大事，却偏偏毁在了一顿饭的"小节"上！

有人认为美方代表完全是小题大做，果然如此吗？当然不是，一叶而知秋。通过一些小细节可以反映出这个企业的企业作风、员工素质以及对待工作的态度等等许多方面的问题。这不能不令美国公司望而却步了。

整体实力固然重要，但是在关键时刻起着决定性作用的却是细节。历史上不是发生过因掉了一个马蹄而输掉了一场战争的事情吗？所以，忽视小节就等于放弃成功，这并不是危言耸听。

还有一个例子，也是因为小节而招致了失败。

我国内地有家工厂，为了能从美国引进一条生产无菌输液软管的先进流水线，曾做了长期的艰苦努力，终于，说服了对方，且美方的代表已经来到中国，就要在引进合同上正式签字了。

可是，也就是在签字的那一天，在步入签字现场那一刹那，中方厂长突然咳嗽了一声，一口痰涌了上来，他看看四周，一时没能找到可供吐痰的痰盂，便随口将痰吐在了墙角，并小心翼翼地用鞋底蹭了蹭，那位精细的美国人见此情景不由地皱了皱眉。

显然，这个随地吐痰的小小细节引起了他深深的忧虑：输液软管是专供病人输液用的，必须绝对无菌才能符合标准，可西装革履的中方厂长居然会随地吐痰，想必该厂工人素质不会太高，如此生产出的输液软管，怎么可能绝对无菌，于是当即改弦更张，断然拒绝在合同上签字——中方将近一年的努力便在转眼间前功尽弃！

一个"细节"砸了一笔生意，这难道不值得三思！

现在越来越多的企业把重视细节提到了重要位置上了。在选拔员工的时候，他们不仅要考察他们的工作能力，而且还要从细节上考察他们是否够格。

北京某外资企业招工，报酬丰厚，但要求却极其严格。一些高学历的年轻人过五关斩六将，几乎就要如愿以偿了。最后一关是总经理面试。在到了面试时间之后，总经理突然说："我有点急事，请等我10分钟。"总经理走后，踌躇满志的年轻人围住了老板的大办公桌，你翻看文件，我看来信，没一人闲着。10分钟后，总经理回来了宣布说："面试已经结束，很遗憾，你们都没有被录取。"年轻人惊惑不已：面试还没开始呢！总经理说："我不在期间，你们的表现就是面试。本公司不能录取随便翻阅领导人文件的人。"听罢此话，年轻人全傻了。

这些经过层层选拔的精英们全都输在了这个小节上，确实令人可惜，但是要想不再与成功失之交臂，在提高自己能力的基础上，更要时刻检点一下自己的行为，千万不要因为小节而让自己与成功无缘。

很多人常常把"成大事者不拘小节"作为口头禅挂在嘴边。认为只要大方向不错，一些细枝末节的东西做得到不到位无关紧要。这种看法真是大错特错。尤其在与人相处时，如果稍有不慎，刺伤了人心，就会给自己带来灾难。

战国时代有个名叫中山的小国。有一次，中山的国君设宴款待国内的名士。当时正巧羊肉羹不够了，无法让在场的人全都喝到。有一个没有喝到羊肉羹的人叫司马子期，此人怀恨在心，于是到楚国劝楚王攻打中山国。当时，楚国是个强国，攻打中山易如反掌。中山国很快地被攻破，国王逃到国外。他逃走时发现有两个人手拿武器跟随他，便问："你们来干什么？"两个人回答："从前有一个人曾因获得您赐予的一壶食物而免于饿死，我们就是他的儿子。父亲临死前嘱咐我们，中山有任何事变，我们必须竭尽全力，甚至不惜以死来报效国王。"

中山同君听后，感叹地说："怨不期深浅，其于伤心。吾以一杯羊羹而失国矣。"即施怨不在乎深浅，而在于是否伤了别人的心。因为一杯羊羹而亡国，却由于一壶食物而得到两位勇士。

中山国君当初设宴款待国内名士的初衷，一定是为了笼络人心，保全国家，谁知仅仅因为一杯羊肉羹，反而弄得国破家亡，好在他当初出于一时仁慈，赐给一个濒临饿死的人一壶食物，因此保全了性命。

还有另外一个故事。

从前齐国有一个叫夷射的大臣，有一次他受齐王之邀参加酒宴。由于过量饮了些酒，不胜酒力，便想到宫门后吹吹风。守门人是曾受过刖刑的男子，一个人无聊，欲向夷射讨杯酒吃，夷射对守门人很是鄙夷，便大声斥责道："什么？滚到一边去！像你这种下贱的囚犯，竟然向我讨酒吃?!"守门人还想分辩时，夷射已悻悻离去。守门人非常愤恨。

这时因下雨，宫门前刚好积了一摊水，状如人的便溺之物，守门人便萌构陷夷射之意。

第二天清晨，齐王出门，看到门前有一摊其状不雅的水迹，心中不悦，急唤守门人，疾言厉色地问道："这是谁人如此放肆，在此便溺？"

守门人见机会来了，故作惶恐支吾状。齐王于是追问更急，守门人便说："我不是很清楚，但我昨晚看到大臣夷射站在这里的。"齐王果然以欺君罪，赐夷射死。为了一杯酒，便丧失性命，的确可悲。

俗话说："小节不慎伤人心。"一些看似微不足道的小事，很少有人重视，总以为做得好坏、妥善与否无关紧要。其实，这种看法大错特错，很多时候，就是因为这些小事没有做到位，结果使得大事功亏一篑，也是因为这些小事得罪了人，给自己带来了麻烦，所以小事一定要做好，千万不能因为小节而破坏大事。

小事可以拉近彼此的距离

当今社会，要是拥有一个良好的人际关系网对一个人的成功来说非常重要，而且现在越来越多的人也逐渐认识了这一点：人缘好的人更易成功。那么怎样才能博得大家的欢迎呢？方法很多。但是有一点值得注意，那就是从小事入手，因为这更容易拉近彼此之间的距离。

小吉姆·法里刚刚 10 岁的时候，他的父亲不幸被自家的马踢死了。为了家庭生计，他被迫到一个砖场去做运沙的工作，并把沙倒入砖模后在太阳下晒干。

贫寒的家境，使小吉姆·法里从未进过中学，但在他 46 岁之前，已经被四所学院授予过荣誉学位，并成为美国邮政总局局长、民主党全国委员会主席。

他获得成功的最大秘诀，就是培养了一种记住别人名字的惊人能力。据他自己说，他能叫出多达 50000 人的名字。而正是这项能力，使他帮助富兰克林·罗斯福进入了白宫。

早在法里为一家石膏公司推销产品的那几年，以及在他身为石点镇上一名业务员的时候，他就建立了一套记住别人姓名的方法。

刚开始时，他用的只是一个非常简单的方法：每次新认识一个人，就问清楚他的全名、他家的人口、干什么行业，以及这个人的政治观点。他把这些资料全部记在脑海里，当第二次又碰到那个人的时候，即使是在长达一年之后，他还是有办法拍拍对方的肩膀，询问起他的太太和孩子，以及他家后院的那些蜀葵的状况。

这就难怪会有那么多人拥护他了。在罗斯福竞选总统的活动展开之前的几个月，法里先生每天都要写好几百封信，给遍布西部和北部各州的人们。然后，他跳上火车，在19天内走遍了20个州，行程一万两千里，以马车、火车、汽车和轻舟代步。每到一个市镇，他就和他新认识的人一起共进早餐或午餐、喝茶或吃晚饭，跟他们做一番"肺腑之言的谈话"。接着，又继续他的下一站。

他一回到东部，就写信给每一个他到过的市镇，索取一份所有和他谈过话的人的名单。随后，他把这些名单整理出来，就成了成千上万的名字了。名单上的每一个人，都收到了一封小吉姆·法里的亲笔私函。那些信都是以"亲爱的比尔"或"亲爱的佐拉"作开头，结尾也总有一个签名"吉姆"。

小吉姆·法里在早年就发现，一般人对自己的名字，比对地球上所有名字加起来还要感兴趣。事实确实如此。正是由于发现了这个小小的秘密，才使得他取得了如此巨大的成功。

其实，每个人对自己的名字都是非常重视的，在与人交往中，如果你能喊出他的名字，那自然而然你们之间的距离就缩短了。也似乎亲近了很多，在谈起事情来就不会是那么陌生，谈话氛围也就融洽很多。记住对方名字这件不起眼的小事真的可以给你很大帮助。

做好细节，人际关系更融洽

很多人都有同感，在一个和谐融洽的环境里工作，自己的心情舒畅，工作起来也格外有积极性，工作效率也很高。也正因为如此，现在很多企业招聘员工，都很看重应聘者的交际能力。

和许多同事在一个办公室里工作，就会发现有人能和同事打成一片，有人却孤孤单单，除了重大问题上的矛盾和直接的利害冲突外，平时不注意自己的言行细节也是一个原因。下面这些言行是办公室中应避忌的，请读者朋友自我检查一下吧！

（1）公可有好事不告诉大家

程明的表姐是管后勤的，所以公司里有什么好事，比如发几箱水果了、发什么优惠券了，程明总能最先得到消息，自然他每次都能得到优待。但不知出于什么想法，有好事时程明从来不告诉大家，大家自然也就离他远远的。如果看到程明一个人独自行动时，周围的同事就会冷笑道："瞧！不知道又有什么好事了！"

公司发物品、领奖金等，你先知道了，或者已经领了，一声不响地坐在那里，像没事儿似的，从不告诉大家，这样几次下来，别人自然会有想法，觉得你太不合群，缺乏共同意识和合作精神。以后他们有什么关于公司的事，也就有可能不告诉你。如此下去，彼此的关系就不会和谐了。

（2）明明知道却推说不知

同事出差去了，或者临时出门，这时正好有人来找他，或者正好有他的电话，即使同事走时没事先告诉你，若你知道就不妨告诉找他的人；如果你确实不知，那不妨问问别人，然后再告诉对方，以显示自己的热情。明明知道，而你却说不知道，一旦被同事知道，那彼此的关系势必会受到影响。外人找同事，不管情况怎样，都要真诚和热情，这样，即使没有起实际作用，外人也会觉得你们的同事关系很好。

（3）进出不互相告知

你有事要外出一会儿，或者请假不上班，虽然批准请假的是领导，但你最好要同办公室里的同事说一声。即使你临时出去半个小时，也要和同事打个招呼。这样，假如领导或朋友来找，也可以让同事有个交代。如果你什么也不愿说，进进出出神神秘秘的，有时正好有要紧的事，同事就没法说了，有时也会懒得说，最后受影响的恐怕还是你自己。互相告知，既是共同工作的需要，也是联络感情的需要，它表明双方互有的尊重与信任。

（4）有事不肯向同事求助

轻易不求人，这是对的，因为求人总会给别人带来麻烦。有时求助别人反而能表明你对同事的信赖，能融洽与同事的关系，加深与同事的感情。比如你身体不好，同事的爱人是医生，你可以通过同事的介绍去就诊，以便诊得快、诊得细。倘若你偏不肯求助，同事知道了，反而会觉得你不信任对方。你不愿求对方，对方也就不好意思求你；你怕给对方添麻烦，对方就以为你也很怕麻烦。良好的人际关系是以互相帮助为前提的。因此，求助同事，在一般情况下是可以的。当然，要讲究分寸，尽量不要让同事感到为难。

（5）拒绝同事的"小吃"

同事带点水果、瓜子、糖果之类的零食到办公室，休息时间希望与你分享，你就不要推，不要以为吃人家的东西难为情而一口拒绝。有时，同事中有人获了奖或谈成了一笔生意什么的，大家高兴，要他买点东西请客，这也是很正常的，对此，你可以积极参与。不要冷冷地坐在旁边一声不吭，更不要同事给你，你就一口回绝，表现出一副不屑为伍或不稀罕的神态。同事热情分送，你却每每冷拒，时间一长，人家有理由说你清高和傲慢，觉得与你难以相处。

（6）喜欢嘴上占便宜

在与同事相处中，有些人总想在嘴上占便宜。有些人喜欢说同事的笑话，讨同事的便宜，虽是玩笑，也绝不肯以自己吃亏而告终；有些人喜欢争辩，有理要争，没理也要争三分；有些人不论国家大事，还是日常生活小事，一见对方有破绽，就死死抓住不放，非要让对方败下阵来不可；有些人对本来就争论不清的问题也想要争个水落石出；有些人常常主动出击，对方不说他，他总是先说对方……这种喜欢在嘴巴上占便宜的人，实际上是很愚蠢的。他给人的感觉是太好胜，锋芒太露，难以合作。因此，讲笑话、开玩笑，有时不妨吃点亏，以示厚道。你什么都想占便宜，想表现得比别人聪明，最后往往是别人对你敬而远之，没人说你好。

（7）神经过于敏感

有些人警觉性很高，对同事也时时处于提防状态，一见别人在议论，就疑心在说他；有些人喜欢把别人往坏处想，动不动就把别人的言行与自己联系起来；对方随便说了一句，根本无心，他却听出了"丰富"的内涵。过于敏感其实是一种自我折磨，一种心理煎熬，一种自己对自己的苛刻。同事间，有时还是麻木一点为好。神经过于敏感的人，关系肯定不好。你太敏感，别人就会觉得无法与你相处。

（8）该做的杂务不做

几个人同在一个办公室，每天总有些杂务，如扫地、擦门窗、整理资料等，这些虽都是小事，但也要积极去做。如果同事的年纪比你大，你不妨主动多做些。懒惰是人人厌恶的，集体的事，要靠集体来做，你不做，就或多或少有点不合群了。

（9）领导面前献殷勤

对公司的领导要尊重，对领导正确的指令要认真执行，这些都是对的。但不要在领导面前献殷勤，溜须拍马。有些人工作上敷衍塞责，或者根本没本事，一见领导来了，就让座、倒茶，甚至公开吹捧，以讨领导的欢心。这种行为，虽然与同事没有直接的利害关系，但正直的同事是很反感的。他们会在心里瞧不起你，不想与你合作，有的还会对你嗤之以鼻。如果你的领导确实优秀，你真心诚意佩服他，那就应该表现得含蓄些，最好体现在具体的工作上。有些人经常瞒着同事向领导反映问题，而这些问题往往是同事们平时在办公室里谈论的。这实际上是一种变相的献殷勤，同事得知后，会极其厌恶。

于细微之处见乾坤

细节，在很多人眼里似乎无足轻重，岂不知，这种看法大错特错。其实细节里面是大有乾坤。很多难得的机会就隐藏在这不起眼的细节之中。正如托尔斯泰所说："一个人的价值不是以数量而是以他的深度来衡量的，成功者的共同特点，就在于细微之处见乾坤。"

20世纪30年代初，在美国马洛利公司任职的卡尔森，是加利福尼亚大学物理系的毕业生。他经常见到公司的同事在复印文件的过程中，时间占用过多，劳动强度很大，本该轻松完成的工作，却成了令人头痛的麻烦事，便想改进一下复印方法。他做了很多的实验，但却没有成功。后来，他改变了做法，暂时停止了实验，而用大部分的业余时间钻进纽约的图书馆，专门查阅有关复印方面的发明专利文献资料。

经过一段时间的仔细查找，他意外地发现，以往进行复印，都是利用化学效应来完成的，还没有人涉足到光电领域。利用光电效应比利用化学效应，从理论上讲，效率要高得多。显然，这是复印研究开发中的一大缺陷。他瞄准这一缺陷便开始进行大量的实验，将光的导电性和静电原理相结合，终于取得了成功。

有时，细节真的非常重要，足有扭转乾坤之势。关键时刻，细节已不再是细节，正是许多容易被人忽视的小细节在左右着全局，才会使你的人生与众不同。

生产内衣的夏路列公司在20世纪80年代初创时，只是日本一家不起眼的小公司，连经理在内仅有三个人。当时，日本各百货商店和服装铺都设有试衣室，但试穿内衣先要脱掉外衣。如果试一件不合身，接着再试另一件时是一件很麻烦的事情，而且多少有些尴尬。夏路列公司经理关注到了这一细节，他想：如果能在自己家里邀集三五位邻居或女友，一起挑选公司送来的内衣，有中意的式样当场试穿，在这种气氛亲切的场合中，一定会吸引不少妇女购买内衣。

于是，夏路列公司决定改变过去旧的销售模式，转而采用这种新的销售方式，并作出新规定：凡是在家庭联欢会上一次购买1万日元以上商品的顾客，就能获得该公司"会员"资格，今后购买内衣可享受七五折的优惠；会员如在3个月内发起家庭联欢会20次以上，销售金额超过40万日元，就能有资格成立本公司旗下的特约店，可享受六折优惠；如果在6个月内举办家庭联欢会40次以上，销售金额超过300万日元，就能有资格成立本公司的代理店，享受零售价一半的批购优惠。

夏路列公司的新销售方式果见奇效，公司得以迅速发展。10年后，公司拥有会员135万名，而且还以每年2万名会员的速度剧增，年销售额达200亿日元以上，成为日本内衣业的后起之秀，被舆论界称为"席卷内衣业的一股旋风"。

从这个例子我们可以看出，试穿内衣虽然只是一件不起眼的小事，但夏路列的老板却从细节中发现了机会，并以此为契机，进行创新，采取了新的销售方式，结果大获成功。

留心工作中的每一个细节，把握好每个细节，就等于抓住了成功女神赋予你的难得的机会。

一个雨天的下午，一位老妇人走进一家百货商场，她漫无目的地在商场内闲逛，显然是一副不打算买东西的样子。面对她简朴的装束，所有的售货员都心不在焉，视而不见。

这时，一位年轻的店员看到了这位老妇人，立刻主动地迎上去向她打招呼，很有礼貌地问她："夫人，我能为您做点什么吗？"这位老太太对他说："我只是进来躲雨，并不打算买任何东西。"这位店员微笑着对她说："即使您不想买东西，我们也同样欢迎您的到来。"

店员说完这番话，并没有急于回去整理货架上的商品，而是留下来主动和这位老太太聊天，以显示商场确实欢迎这位不买东西的顾客的诚意，并且搬来一把椅子让她坐下。当这位老妇人要离去时，年轻的店员还送她到商场门口。老妇人向那个年轻人道谢，并向他要了张名片，就颤巍巍地走出了商店。

后来，这位店员早已忘了这件事。然而，几个月后的一天，他突然被费城百货公司的老板詹姆斯召到办公室，他向这位年轻人出示了一封信，信是那位老太太写来的。

信中要求将这位年轻的店员派往苏格兰收取一份装潢一所豪宅的订单。詹姆斯为此惊喜不已，草草一算，这份订单所带来的利润，相当于他们公司两年的利润总和！与写信人迅速取得联系后，一切真相大白。原来这封信正是出自躲雨的那位老妇人之手，而那位老妇人正是美国亿万富翁"钢铁大王"卡内基的母亲。

詹姆斯马上把这位叫菲利的年轻店员推荐到公司董事会上。毫无疑问，当菲利打点行装飞往苏格兰时，他已经成为这家百货公司的合伙人了，那年，菲利才22岁。

随后几年中，菲利以他一贯的忠实和诚恳，成为"钢铁大王"卡内基的左膀右臂，事业扶摇直上、飞黄腾达，成为美国钢铁行业仅次于卡内基的富可敌国的重量级人物。

菲利只用了一把椅子，就轻易地与"钢铁大王"卡内基攀亲附缘、齐肩并举，从此走上了让人梦寐以求的成功之路。这又一次应了那句俗语：莫以善小而不为，细微之处有乾坤。

请人办事要深入了解对方

要想请求别人办事，必须深入了解所求之人，了解对方的性格、身份、地位、兴趣，然后"投其所好，避其所忌，攻其虚，得其实"，这样办起事来才能进退自如，成功有望。做不到这一点，就容易把本该容易办成的事办砸。

（1）不能忽视对方的身份地位

无论在哪个国家、什么时代，人们的地位等级观念都是很强的。对方的身份、地位不同，你说话的语气、方式以及办事的方法也应有异。如果不明白这一点，对什么人都一视同仁，则可能会被对方视为没大没小、无尊无贱。尤其当对方是身份地位比你高的人，会认为你没有教养，不懂规矩，因而不喜欢听你的话，不愿帮你的忙，或者有意为难你，这样就可能阻碍了自己办事的路子，使所办之事遇到障碍。

聪明人都是懂得看对方的身份、地位来办事的，这也是自己办事能力与个人修养的体现，平常我们所说的"某某人会来事"，很大程度上就体现在"见什么人说什么话"的才智上。这样的人不只当领导的器重他，做同事的也不讨厌他。这样，办起事来就比较容易。

（2）看准对方的性格，投其所好

人各有其情，各有其性。有的人喜欢听奉承话，给他戴上几顶"高帽"，他就会使出浑身力气帮你办事；有的人则不然，你一给他戴"高帽"，反而引起了他敏感性的警惕，以为你是不怀好意；有的人刚愎自用，你用激将法，才能使他把事办好；有的人脾气暴躁，讨厌喋喋不休的长篇说理，跟他说话办事就不宜拐弯抹角。

所以，与人办事，一定要弄清这个人的性格，依据他的性格，投其所好，或投其所恶才会对办事有好处。

对方的性格，是我们与其办事的最佳突破口。投其所好，便与其产生共鸣，拉近距离；投其所恶，便会激怒他，使其所行无法按我们的意愿进行。无论跟什么样的人办事，我们都应首先摸透他的性格，依据其性格"对症下药"，就很容易"药到病除"，把事办成。

外交史上有一则轶事：

一位日本议员去见埃及总统纳赛尔，由于两人的性格、经历、生活情趣、政治抱负相距甚远，总统对这位日本议员不大感兴趣。日本议员为了不辱使命，处理好与埃及当局的关系，会见前进行了多方面的分析，最后决定以"套近乎"的方式打动纳赛尔，达到会谈的目的。下面是双方的谈话：

议员：阁下，尼罗河与纳赛尔在我们日本是妇孺皆知的。我与其称阁下为总统，不如称您为上校吧，因为我也曾是军人，和您一样，跟英国人打过仗。

纳赛尔：唔……

议员：英国人骂您是"尼罗河的希特勒"，他们也骂我是"马来西亚之虎"，我读过阁下的《革命哲学》，曾把它同希特勒《我的奋斗》作比较，发现希特勒是实力至上的，而阁下则充满幽默感。

纳赛尔：（十分兴奋）呵，我所写的那本书，是革命之后三个月匆匆写成的。你说得对，我除了实力之外，还注重人情味。

议员：对呀！我们军人也需要人情。我在马来西亚作战时，一把短刀从不离身，目的不在杀人，而是保卫自己。阿拉伯人现在为独立而战，也正是为了防卫，如同我那时的短刀一样。

纳赛尔：（大喜）阁下说得真好，欢迎你每年到访。

此时，日本议员顺势转入正题，开始谈两国的关系与贸易，并愉快地合影留念。无疑，日本议员的套近乎策略产生了奇效。

在这段会谈的一开始，日本议员就把总统称作上校，看似给对方降了不少级别；挨过英国人的骂，按说也不是什么光彩事，但对于军人出身、崇尚武力，并获得自由独立战争胜利的纳赛尔听来，却颇有荣耀感。没有希特勒的实力与手腕，没有幽默感与人情味，自己又何以能从上校到总统呢？接下来，日本议员又以读过他的《革命哲学》，称赞他有实力与人情味，并进一步称赞了阿拉伯战争的正义性。这不但准确地刺激了纳赛尔的"兴奋点"，而且百分之百地迎合了他的口味，使日本人的话收到了预想的奇效。

（3）观其行，知其心

通过对方无意中显示出来的态度、姿态，了解他的心理，有时能捕捉到比语言表露得更真实、更微妙的心理。

例如，对方抱着胳膊，表示在思考问题；抱着头，表明一筹莫展；低头走路、步履沉重，说明他心灰气馁；昂首挺胸，高声交谈，是自信的流露；女性一言不发，揉搓衣角，说明她心中有话，却不知从何说起；真正自信而有实力的人，反而会探身谦虚地听取别人讲话；抖动双腿常常是内心不安、苦思对策的举动，若是轻微颤动，就可能是心情悠闲的表现。

懂得心理学的人常常通过人体的各种表现，揣摸对方的心理，达到自己办事的目的。

推销员在星期天做家庭访问，必定会注意受访夫妇跷腿的顺序。如果是妻子先换脚，然后丈夫跟着换，可认为是妻子比较有权利，只要针对妻子进行"进攻"，90%可以成功；若情形相反，当然是丈夫比较有权利，这就需要针对丈夫"进攻"了。

办事之前，通过察言观色把握住对方的心理，理解他的微妙变化，有助于我们把握事态的进展。

（4）使对方对产生好感

求人办事，最重要的一条是不能犯忌，如果犯了所求对象的忌讳，恐怕谈成的事也难办成了。

对性格外向、爱好交际的人，在办公室与他们的谈话，一般不会有什么副作用，而对性格内向、胆小怕事、敏感多心的人则容易产生副作用。此时，就应当换个环境，在室外、院子里随便谈心，才容易达到说服的目的。

托人办事时只一味地谈自己的事，并不停地说"请你帮忙，请你帮忙"之类的话，会让人感到万分的嫌恶、不耐烦的。

假如想把自己的请求向对方说明，就应该先摆出愿意听取对方讲话的姿态来，有倾听别人言谈的诚意，别人也才会愿意听你说话。

谈话的话题应该视对方的情形而定，再好的话题，若不能符合对方的需要，就无法引起对方的兴趣，最好是想办法引起彼此共同的话题来，才能聊得投机，然后再设法慢慢地把话题引入自己所要谈论的范围里。

在日常谈话中，一般人都是说些身边琐事，这或许想向对方表示亲切。在正式交谈中，希望你不要把老婆、儿女当作谈资，否则总不免给人娘娘腔和不务正业的感觉。

谈话先从政治、经济等比较严肃的题目开始，然后再涉猎到文学、艺术、个人的兴趣方面等比较轻松的话题。总之，将自己的观点、见解堂堂正正地公布出来，使得彼此都能有共同的思想，才是最好的谈话方式。

一个懂得心理学，并善于做事的人，一定很注重礼貌，用词考究，不致说出不合时宜的话，因为他知道不得体的言辞往往会伤害别人，即使事后想再弥补也来不及了。相反的，如果你的举止很稳重，态度很温和，言词中肯动听，双方自然就能谈得投机，请人做的事自然也易做成。

所以要使对方对你产生好感，必须言语和善，讲话前先斟酌思量、不要想到什么说什么，这样会引起别人皱眉头，而自己却还不知道为什么。心直口快的朋友平时要多培养一下自己的深思慎言的作风，切不可随意脱口而出，那样会影响自身的形象和做事的效果的。

走亲访友中的学问

大家一定都喜欢走亲访友，但你是否知道到别人家做客也是有学问的，你要把握好这其中的度。切不可成为不速之客。

朋友之间经常走动是人之常情，尤其是过节放假的时候，通过走动可以增进情感，相互帮助。时间一长，不走动的朋友感情会淡化，但是朋友之间的走动也需要遵守一些礼仪。

"沉屁股"这个词不知道你听说没听说过，这个词形象地表现出了一些客人的"韧劲儿"，去别人家做客一坐就是几个小时，就跟屁股沉得轻易挪不动似的。同时，在这个词中也反映出了作为受访者的无奈。

韩莉经常向人诉苦说，她家来了一位叫人头疼的"沉屁股"客人。

这位客人名叫黄薇，在她家一坐就会坐到半夜，嘴里滔滔不绝地讲述着自己在公司遇到的诸多不如意，很晚的时候也没有离开的打算，困得韩莉呵欠不止。由于没有休息好，韩莉第二天上班迟到了，连全勤奖都泡汤了。韩莉说现在一看见黄薇就害怕，可黄薇自己对此全然没有发觉，他似乎全然不顾对方的感受，根本没有发觉韩莉都疲倦得快睡着了。

程颖就是一个典型的"沉屁股"。她有个习惯，每回去别人家都出其不意，让主人没有准备。有一天她闲着无聊就去同学小雨家。到那儿的时候，正赶上小雨打算去看望这几天身体不太舒服的奶奶。

看程颖来了，小雨也不能怠慢，就只好陪她。谁知程颖一待就是一整天，不仅聊一些无聊的问题，还把她家弄得乱七八糟，瓜子嗑了一地，还拿着电视遥控器不放。这一天下来弄得小雨筋疲力尽，也没能去看望奶奶。

主人对客人如此周到的招呼，客人自然也应该能够体谅一下主人。与主人聊天，半个小时或者是喝完了一两杯茶后，就应该准备离开。千万不要把主人当成是自己发泄的对象，非要说得眼冒金星、夜幕沉沉，甚至把主人都熬睡着了才肯罢休；或者摆出一副一醉方休的架势，在别人家从上午待到晚上；或是干脆把别人家当成是自己家，嗑着瓜子，看着电视，自得其乐。

的确，每一个家庭都有自己的事儿，谁都想在闲暇时享受自己的私人空间。就算人家有时间，也真诚地欢迎我们去做客，我们也应该注意把握分寸，只要将诚挚的问候送达即可。

不做不速之客其实很容易，你只要做到以下几点：

（1）到朋友家拜访，一般要先打声招呼

到朋友家拜访之前，一定要让对方有一个思想准备。如对方因事不能接待你，你就不能冒冒失失地过去，这样会打乱朋友的日常安排。

（2）拜访朋友时可以带去一些小礼物

东西不在贵贱，主要是心意。主人不会斤斤计较礼物的多少，只会感谢你的情意。所带礼物要根据被访家庭人口结构和你去访问的目的来定。比如此次拜访是为朋友父母祝寿的话就可以带些生日礼物，如是去朋友家作一般性拜访，就可以带些水果、糖之类的东西。

（3）选择合适的拜访时间

访友的时间一定要考虑周到，一般应避免过早或过晚，要避开用餐时间，还要避开朋友的特殊时间，比如朋友家近日有产妇，有重病人，这时都不要去打扰。

节假日去拜访朋友应尊重朋友家的一些习惯，要安排在朋友空闲时去拜访。一般过年都要团聚，都要到父母家走一走，拜个年。春节期间，朋友之间的拜访适宜安排在初一、初二之后。

学会勇敢地说"不"

人们认为，当朋友需要帮助时，应该是点头答应，而不是摇头否定，这样才显得朋友之间够义气。因此，一些人碍于朋友情面，对一些不适合帮助或无能力帮助的事也勉强答应，害怕失去了朋友，却违背了自己的心愿。实际上，该说"不"时不说"不"，如果最后的结果难遂人愿可能会让朋友之间产生更多的不愉快。

琳达收到以前的邻居的来信，得知她打算带孩子和狗一起到自己家住两三个星期时，一时感到十分为难。平时喜欢陪伴的朋友，并不一定就是愿意成天生活在一起的人。可是，怎么能对朋友说"不"呢？所以，琳达就"虚伪"地说："很高兴见到你们。"

为什么不能坦率地对以前的领导讲，很愿意招待他们几天，但住三个星期又实在太长呢？毫无疑问，和很多人一样，琳达害怕说"不"字。当她不想答应别人求她的事情时，她又不能毫无愧意地拒绝人家。

不能勇敢地说出"不"，可能使朋友在误解的基础上越陷越深，自己也不能从违心的情况中解脱出来。

卡罗琳，一位有三个孩子的年轻母亲，她有这样一个"女主人"

式的朋友。刚刚搬到这一居民区，卡罗琳急于寻找新的朋友。这时，罗拉走进了她的生活，她像只老鹰一样将卡罗琳藏在自己的翅膀下。不久后，卡罗琳发现，罗拉不仅是只"老鹰"，还是只"蜂王"，她是某社会团体的总裁，团体的成员是她的朋友们和朋友们的丈夫组成。

"起初我挺喜欢她，"卡罗琳说，"她是我特别好的朋友，她要我做什么，我就做什么。有时我会感到受她的压制，但我不知该怎么办，因为我的确欣赏她，希望与她保持朋友关系。只是慢慢不喜欢她的了。"对罗拉的"指手画脚"，卡罗琳很难说出一个"不"字。

使友谊建立在不平等、不尊重的基础上，便会使友谊难以发展下去。

苏珊是一位年轻妇女，她愿意让她的一位朋友"摆布"她的生活。与卡罗琳不同的是，苏珊却是主动要求"受控制"的。当垃圾处理装置出毛病后，她给好朋友玛莎打电话，希望得到玛莎的帮助；订阅的杂志期满后，她也去问玛莎是否有必要再继续订，因为现在网络资讯很是发达；有时候她不知道该吃什么饭时，也给玛莎打电话问她的意见。玛莎一直像个称职的"母亲"一样，这样的平衡终究会被打破。这天，玛莎的儿子不小心摔伤了，玛莎忙前忙后照顾受伤的儿子，这时苏珊却打电话来，说是自己现在出门不知道该穿什么衣服，希望玛莎能帮助自己拿个主意，由于此时的玛莎非常疲惫，她终于"爆发"了，严厉地对电话另一端的苏珊说道："天哪！看在上帝的份上，苏珊，您就不能自己想办法吗?"说完就挂了电话。

玛莎的拒绝使苏珊感到迷惑不解，她说："我还以为玛莎是我的朋友呢。"

过分地、无选择地满足朋友，会使朋友过分地依赖于你，当你突然间对他说"不"时，他会很茫然、很失落，并且对你产生迷惑。但是，你必须清楚你是他的朋友，并非父母，你没有指导和保护他的义务，只能给予支持，但不能包办代替。

我们中的一些朋友，总是喜欢将自己的一些意志强加于对方，也就体会不出友谊的真正含义。

朋友之间的交往，应该是平等、坦诚，任何一方想"控制"另一方的思想，或无节制地要求，这样的友谊本身就是病态的友谊，维系一个病态的友谊是最疲惫的。

忘掉自己给别人的帮助

有的人喜欢把对别人的好时刻挂在嘴边，喋喋不休。实不知这种人最让人厌恶的了。你帮助了别人，别人自然会记在心里。你若时常提起，倒像是向人"催债"似的，时间一久，怎能不令人生厌呢？

日常生活中，互相帮助在所难免。但是对于助人者来说，在帮别人之后，切莫以"救世主"的姿态自居，这样会使被助者产生一种负累，你甚至会因此而失去这个朋友。正确的做法是揣着"明白"装"糊涂"，忘掉自己给别人的帮助。

人都是不愿意求别人的。不到万不得已的时候，人一般是不会主动开口向别人求助的。如果别人答应帮助你，你就欠了一个人情。这个世界上，唯有人情债是最难还的。如果别人拒绝了，自己面子上过不去，别人心里也会不舒服，彼此之间徒增尴尬。总之，求人本身并不是一件很光彩的事。

所以，如果有人有求于你，而且你也有帮助他的能力，那么最好能不声不响地给予他帮助，这会让他感激不尽。千万不能把自己对他的"恩惠"大张旗鼓地去做宣传，那样做的结果，只能是费力不讨好，留下怨恨。

还有，不要以为帮助别人只要你愿意就行了，其实，帮助别人也需要一定的技巧。否则，你帮助了别人，别人还不一定会记住你的好处。需要注意的一点就是，在你帮助别人的时候，不要使对方感到受你恩惠是一种负担。否则就会给接受帮助者造成一定的心理压力，在这种压力下享受你的帮助，其心情可想而知。

但是偏偏有些人，有很强的虚荣心。一旦为朋友做了事，送了人情，等到大功告成，他便忘乎所以，把简单的说成复杂的，把小事说成大事，生怕人家忘了。没有朋友会因为你不说，就会忘记你送的人情。多说反倒无益，你的多言，会使得愿意帮助对方的良好初衷变质，并给你带来不好的结果。

那年冬天，风雪交加，孙爷爷的家里快没粮食了，眼看年关就过不去了。无奈的他只好到村东头的富人张爷爷家借钱。张爷爷因为那天孙女放寒假回家，非常高兴，欣喜之余便爽快地答应借给孙爷爷钱，最后还大方地说："拿去吧，不用还了，我不在乎这几个小钱。"孙爷爷接过钱，小心翼翼地包好，然后带着复杂的心情回家了。

第二天早上，发生了一件让张爷爷感到奇怪的事情。他发现自家院内的积雪已被人扫过，连屋瓦也打扫了。后来他才知道，这是孙爷爷做的。孙爷爷说，他不想自己那么没有尊严，这钱他一定会还的。

孙爷爷虽然穷，但是不想靠别人的施舍度日，他在用行动来维护自己的尊严。当张爷爷意识到自己的错误时，他及时地做了一件能挽回孙爷爷尊严的事——让孙爷爷写张借条。在张爷爷眼里，世上没有乞丐；而在孙爷爷心中，自己更不是乞丐，只是一个和张爷爷平等的人。

生活中经常有这样的人，帮了别人的忙，就觉得有恩于人，于是心怀一种优越感，高高在上。这种态度是很危险的，常常会引起相反的效果，是费力不讨好的表现。帮了别人的忙，却没有增加自己人情的砝码，得不偿失。

你帮助了别人，别人心里其实是非常感激你的。如果你再大肆张扬，生怕没有人知道你帮助了别人，那只会让别人觉得你是在炫耀自己而不是在帮助别人，同时你也会增加被帮助者的心理负担。当被帮助者不能忍受你的这种行为的时候，就会尽快地还你一个人情之后对你敬而远之。下次再也不会有求于你，即使你主动帮他，他亦会另请高明。所以，帮助了别人，就不要夸功。这其实是一种高明的手段，它让别人感受不到你的优越，相反还会对你的体贴和照顾感激不尽。

由此可知，帮助别人的行为方式是非常重要的。在你帮助别人的时候，不要使对方觉得你的帮助是一种压力，更不要让对方感到你是在施舍。你一定要记住，没有人愿意仅仅因为接受了你的一次帮助，就要在你面前一辈子抬不起头来。

还有要注意的是，帮忙时要高高兴兴的，不要心不甘情不愿。如果对方也是一个能为别人考虑的人，你对他的帮助，他一定会在某个时候用别的方式来回报你。对于这种知恩图报的人，应该经常给他些帮助。

帮忙本来就是一个人情上的事情，没有必要把每件事摆放得清清楚楚，这会让彼此的交情不能长时间维持。有人为朋友帮了忙，便四处张扬，怕别人不知道，这是一种非常不明智的做法。

冲动之下不要做事

很多时候，我们情绪低沉，意兴阑珊，却并没有因此而推迟去做重要决策。多年以后回忆起时，方知这些决策给我们造成多大的伤害，才知这是冲动之下所做的事情。

一位美丽的姑娘与一位才华出众的小伙子情投意合，双双共坠爱河，但女方家里对这门婚事极力反对，认为门不当、户不对：小伙子家太穷了。但是姑娘看中了小伙子这个人，并对父母亲说："贫穷是可以改变的。"她极力坚持自己的主张，却不料此时意中人意外地离去。姑娘遭受重大打击后，万念俱灰，冲动之下认为人生毫无意义，便去投河自尽。这时河边行一位老者在散步，看见她心事重重的样子，便劝导她："姑娘你千万不能轻生啊。你要知道，人的生命是宝贵的，一旦失去了，就再也不能挽回。你想想，如果做出轻生的蠢事，会给你的亲人造成多大的痛苦，会给他们的心灵造成多大的伤害！"老者的一席话，使这位姑娘明白了不能在冲动之下做事的道理，于是她放弃了轻生的念头，重新面对生活。

面临大事要有一颗平静的心，这是能够做成大事的基本素质之一。

而当一个人情绪波动比较大或压力比较大时，可能丧失了清晰的分析判断能力，最容易做出不良的决策。

三国时，关羽大意失荆州，败走麦城，被吕蒙所俘，后被东吴所杀。其结义兄弟张飞性格鲁莽，听到关羽被杀的消息，急于为他报仇，发誓攻打东吴。于是冲动之下，他急命部下范疆、张达三天之内打造白翎白甲，戴孝出征。范疆、张达在所限时间内，恐不能完成任务，便乞求缓期打造翎甲。张飞不允，并在酒醉之时，对他们大加叱骂和鞭笞，范、张二人惧受皮肉之苦，心里怨恨，顿生杀机，遂趁夜半张飞酒醉酣睡之时，将其杀死。可怜一代英雄落下惨死的下场。

张飞正是在冲动之下做事，才逼使部下反目，酿成悲剧。他的不幸为不少后世人敲响了警钟。

莫与失意之人谈论得意之事

当你有了得意之事，不管是升了官，发了财，或是一切顺利，切忌在正失意的人面前谈论，如果不知道某人正在失意时也就算了，如果知道，绝对不要开口。

也许有人会认为，自己现在的情况本来就很好，谈谈又何妨？这种做法原本也无可厚非。只是在谈论你的得意事时要看准场合和对象，你可以和你的同事谈，也可以和其他得意的人谈，你们可以一起享受着心情的愉悦、人生的快乐，但是千万不要对失意的人谈，因为失意的人此是最脆弱，也是最多疑的，你的谈论在他听来都充满了讽刺与嘲弄的味道，让失意的人感受到你在向他炫耀，在向他示威。因此，你的得意，对失意的人来说是一种伤害，这种痛苦的滋味也只有尝过的人才知道。

所以，不要在失意者面前谈论你的得意事，一方面是出于道德上的考虑。当然，如果你不知道对方正出失意之时则另当别论。另一方面是从人际关系上的考虑。

有一次，小王邀约了几个朋友来家里吃饭，这些朋友彼此间都很熟识。小王把他们聚拢来主要是想借着热闹的气氛让一位目前正陷于低潮的朋友心情好一些。

　　这位朋友之前经营一家公司，因经营不善，公司几天前倒闭了，妻子也因为不堪生活的压力正与他谈离婚的事，内外交困，他痛苦极了。来吃饭的朋友们都知道这位朋友当前的遭遇，大家都避免去谈与事业有关的事，可是其中一位朋友因为目前发了大财，赚了很多钱，酒一下肚就忍不住开始谈他的赚钱本领和花钱功夫，那种得意的神情连小王看了都有些不舒服。小王的那位失意的朋友低头不语，脸色非常难看，一会儿去上卫生间，一会儿去洗脸，最后提前离开了。

　　小王送他出去，走在巷口时朋友对小王愤愤地说："老吴有本事赚钱也不必在大家面前吹嘘嘛！"

　　小王非常了解他的心情，因为在十年前小王也有过低潮期，当时正风光的朋友在小王面前炫耀他的薪水如何如何的高，年终奖金如何如何的多，那种感受就如同把箭一支支地插在心上一般，痛苦极了。

　　失意者对你的怀恨多半不会立即表现出来，因为他们此时无力表现，但他们会透过各种方式来泄恨，例如：说你坏话、扯你后腿、故意与你为敌，其主要目的就是要看一看你得意到什么时候。而最明显的做法则是疏远你，避免和你碰面，以免再听到你的得意之事，于是你不知不觉中就失去了一个朋友。不管失意者所采取的泄愤手段对你造成多大的损伤，至少这是你人际关系上的危机，对你绝不会有好处的。

　　小王那位失意的朋友后来再听见别人一谈起那位曾在他面前谈论得意之事的朋友就闷声不语，后来他才知道，他们再也没有来往过。

其实，就算在座的没有正失意的人，但总也有境况不如你的人，你的得意神态还是有可能让他们产生反感的。人总是有嫉妒心理的，这一点你必须承认。所以，得意时就少说话，而且态度要谦卑。

做事应该有主见

做事应该有主见，不要人云亦云，让对方牵着鼻子走；做事没有自己的主见，一味地随着别人的思路而改变想法，这样做事一般不会成功。

张三想学一门手艺，可他是个没有主意的人，究竟学什么，他自己都不清楚。这时，有人劝他说："做雨伞吧，雨伞人人都会用到。"

于是，张三便选择了制作雨伞这个行当。两年后，张三学成归家。临行前，师傅送给他一整套制伞的工具，让他独立谋生。

张三回到家乡开了一家雨伞铺，开始制伞，没想到他的雨伞生意并不好。张三一气之下。便扔了制伞工具，决定改行。这时，又有人劝他说："看天这么旱，学制水车吧。"张三想了想，觉得这主意不错。于是，又开始去学制作水车，没想到学会了制作水车，却不再干旱了，一连几天不停地下着大雨，水车又没有人要了。他只好重新购买做雨伞的工具，但开业没几天，天又放晴了。

后来，又有人劝他："做雨伞、做水车都需要工具，而这些工具都是铁制的，你还不如去学铸铁。"于是他去学铸铁。但岁月不饶人，此时他已经老了，抡了几天大锤，身体便支撑不住了，只好放弃。

做事三心二意的张三，不断地变换着谋生角色，最终一事无成。在生活中，有些人做事总是三心二意，很难决定该怎么做。如果执意要等到最好的时机才做决定的话，那将什么决定都做不出来，更谈不上办成什么事了。所以，无论办什么事，只有选中目标，坚持不懈地干下去，才能成功。

一次，苏格兰国王布鲁斯与英格兰军队交战。布鲁斯国王大败，躲在一所古老的茅屋里避难。

当他正心中充满失望的时候，看见一只蜘蛛在结网，无聊之际，国王毁坏了它将要完成的网，蜘蛛并不在意自己的网被摧毁，立刻又结了一个新网。苏格兰国王又把它的网破坏了，蜘蛛依旧不在意，又开始另结新网。

国王为此感到震惊。他想：我已经败了六次了，我打算放弃战斗。假使我把蜘蛛的网破坏六次，看看那是一个什么结果。

他毁坏了蜘蛛网共六次，蜘蛛对这些毁灭毫不介意，开始第七次结新网，而且再次取得成功。国王被这只不屈不挠、毫不起眼的蜘蛛震撼了，于是重新鼓起了勇气，决定再进行一次战斗，从英格兰人的手里解放他的国家。他召集了一支新的军队，专心致志地做着准备，最终把英格兰人从苏格兰国土上赶走了。

意志消沉的苏格兰国王，从蜘蛛的身上学到了不屈不挠的精神，终于取得了成功。

在现实生活中，许多人会因为做某件事非常困难而放弃目标，全然做不出正确的决定。要想改变局面，必须切记以下四点：

（1）不要持有多做多错、少做少错、不做不错的做事心态，学会等待时机做事才是上策；

（2）做事时，不要认为石头到后面会越挑越大，而尽管已经有了很好的想法，却不愿善罢甘休，一定还要再想出更好的方案出来才行；

（3）不要在同一时间之内，完成多项决策。希望面面俱到，到最后，往往连一个决定都作不出来，也极容易作出错误的决定；

（4）三心二意只能造成决策的延误。

做好小事，才可能成就大事

大事全部是由不起眼的小事组成的，唯有做好小事，才可能成就大事。

然而，如今有些年轻人打着"崇尚自由"的口号，着装不修边幅，行动举止懒散，言语粗俗，口香糖在嘴中嚼得"叭叭"作响；正式场合也不修边幅大大咧咧；大庭广众之下哈欠连天；急着打断别人的话而发表自己的"高见"……他们坚信"成大事者不拘小节"，自己将来是干大事业的人，何必纠缠在这些鸡毛蒜皮的小事上？殊不知，许多社交上的所谓小事，可以从细微处反映出一个人的修养，是一个人潜在的形象及人际资源方面的投资，若不加注意，易招人反感，甚至会失去机会。

下面的事例一定可以给大家一些启发。

A同学说他不会同B同学合作。大家很惊讶："大家都是同学，生意上又可互惠互利，为什么呀？"A同学说："这么多年了他还是一点长进都没有，我听着他嚼口香糖的声音就想吐。还有，我拉他去跟人家谈判，他的形体语言太夸张了，时而摇头晃脑，时而拍手大笑，让对方觉着我们跟人家不在一个层面上，怎么做生意啊？"

事实上，B同学人不错，也有不少其他优点，但修养、礼仪上的这些小问题竟然给他带来如此大的负面影响，真是出乎人的意料。但又似乎可以理解，毕竟这些举动给人带来不快，甚至无形中耽误了正事。

细想一下，社会上确实不乏这样不注意小节的人。有些耳痒的人，只要他看见什么可以用，就会随手取来掏耳朵，尤其是在餐室，大家正在饮茶、吃东西的时候，其掏耳朵的小动作往往令旁观者感到恶心，这个小动作实在不雅，而且失礼；有些头皮屑多的人，在社交场合也忍耐不住头皮屑的刺激，随时随地搔起头来，头皮屑乱飞，不仅难看，而且令旁人大感不快。试想，如果你是老板，看到这样的员工会不会感到丢脸？并且觉得此人不稳重，而不可托付大事呢？还有的人也许腰缠万贯，但却言辞不雅，举手投足好像个下里巴人；有的人口袋里没几个钱，衣着也非名牌，但举止大方，气度不凡，让人不敢小瞧。比如说走路这样一个再平常不过的行为，有的人走路时低头驼背，无精打采；有的人则挺胸抬头，气度轩昂；有的人左摇右晃或连蹦带跳；有的人则端庄大方，沉稳干练，等等。同样的道理，站姿、坐姿、吃相、着装等无一不向别人传递着你的修养品味、性格学识等多方面的信息。

礼仪无小事，社交中要注意从小处入手，从举手投足等日常行为方面有意识地锻炼自己，养成良好的站、坐、行姿态，做到举止端庄，优雅得体，风度翩翩。树立自己良好的形象，全方位地完善自我。

一家饭店刚刚建成，招聘各类服务人员 300 名，有 700 多名男女青年怀着对这家合资企业的向往，很早便排起"长龙"等候应聘。7 点 30 分，第一关——目测在众多人的期待中开始了。一位应聘的女郎，穿着前卫，浓妆艳抹，满脸自信，昂然而入，来到了面试官面前，话不过三句，面试官眉心轻皱，彬彬有礼地连声说"谢谢"！

女郎心下明白，这就是被淘汰了；一位20出头的男青年，气宇轩昂，非常自信，会两门外语，有许多奖励证书，面试官以礼相待，连说"请坐"！这位男青年可能是才高气傲，只见他如入无人之境，落座后二郎腿一跷，浑身悠然自得地颤了起来，面试官见状，忙说"谢谢"；而有的应聘者不懂礼貌，人家说"请坐"，他却理也不理，扬脸朝天，旁若无人，把证件往桌子上一扔；有的留着八字胡；还有的应聘者叼着烟卷；有的嚼着口香糖……

这天，700多名应聘者，仅面试第一关，就被"刷掉"80%，而其中不讲文明礼貌者竟占十之六七！面试官满脸忧虑地说："面试过程中我们可能也错过了不少人才。可有些人连起码的文明礼貌都不懂，站没站相，坐没坐相，说话粗俗，'哥们儿'等称谓挂在嘴上，'他妈的'脱口而出；有的青年身份是'待业'，可衣着是高档名牌，装饰品、化妆品是高档名牌，与其身份大不相称。我们'养不起'这样的人！我们是做生意的，服务人员如果不懂起码的文明礼貌，是会把顾客吓跑的。而服务人员最讲细节，这些人都大而化之，肯定干不好工作。"

当这些被视为"生活小节"的行为作为公司招聘硬性条件的时候，人们被震动了一下，尤其是那些自认为才大志高的应聘者更是没想到，还没到大江大河中去施展呢，竟先在这小沟里翻了船。有些比较固执的人可能会说："以貌取人，没有道理，此处不留爷，自有留爷处。"而没有想到要改正自己的不良习惯，学习文明的待人礼仪。

我们可以换位思考一下，如果一家宾馆的门口站着这样两位门童：一位穿着前卫，爆炸发型，耳朵上有无数个耳环；另一位穿着不夸张，但乱七八糟，而且不干净，指甲也留的很长。应该没有人会进去。因为，人们从这两位门童的形象就可看出这家宾馆的服务不够规范。看来，礼仪的作用是无形的，而且还很重要，应聘者应该调整心态，不要抱怨招聘者吹毛求疵。

其实，讲文明懂礼貌是一种良好的品格，是做人的起码常识，人人都应努力具备。这不仅是社会对其成员、国家对其公民的一种合理要求，也是择业者应具备的起码条件。

细节会让人获得一份如意的工作

找到一份好工作，这是每个人梦寐以求的事情，但是这个愿望，却并不太容易实现。很多时候，即使你的才华、能力足以证明你能胜任某项工作，但是却还是被招聘企业拒之门外，在这种情况下，很多人百思不得其解，自己已经做得很到位了，为什么招牌单位还是不满意？其实，他们拒绝你肯定是有理由的，如果你确信自己在展现能力方面已经做得很完美的情况下，不妨想想，是否是自己做事中一些疏漏的小细节给自己拖了后腿？

细节能影响个人前程，这在很多求职者身上都有体现。很多人在找工作时，十分注意自己的个人形象，他们穿戴整齐，举止彬彬有礼。但是，很多人却会屡次碰壁，这是为什么呢？因为他们忽略了个人的细节。

许多人求职时用手写的简历，但字迹潦草，像"天书"一样令人看不懂。这会让用人单位认为你是一个不严谨的人，工作起来也有可能马马虎虎，所以只好放弃。而许多企业在招聘时，也把手写简历的字迹是否工整、清晰、漂亮，作为筛选人才的第一步。

此外，在面试时还要注意自己的言谈举止，不要过于卖弄才学，表现与身份显得很不相称，令人不敢恭维。

刘强与用人单位约好下午14：05分面试的，可他直至14：12

分才到。前台小姐把他带去面试时，面试的经理还没问什么呢，他就开始解释说路上车堵了好长时间，真没办法。面试刚开始三分钟，动听的手机来电音乐响起来了，刘强习惯性地接听了电话，像是旁若无人。只听他说"这件事不是跟您说多少次了吗？你直接问总经理就行了，我已经辞职了……"谈到一个专业问题时，面试官问："这样操作可行吗？"答曰："我说这样做就肯定没问题的，这方面我有十几年工作经验了。"结果是，虽然用人单位对于他的业务能力表示认可，但其不注重细节，谁敢邀其加盟？

企业在用人时，特别注重应聘者的行为细节。一个不注重细节的人，即便他很专业，很有专业能力，想他以后能给企业带来多大的价值也是很难的事。说不定，还会因一件小事让公司大受损失。

但也有的人因注重细节，而获得了好工作。

一个大学毕业生去广州想靠打工闯出一番事业来。但很不幸，一下火车，他的钱包被偷，钱和身份证都没了。在受冻挨饿了两天后，他决定开始捡垃圾——虽然受白眼，但至少能解决吃饭问题，一天，他正低头捡垃圾时，忽然觉得背后有人注视自己。回头一看，发现有个中年人站在他背后。中年人拿出一张名片："这家公司正在招聘，你可以去试试。"

那是一个很热闹的场面——五六十个人同在一个大厅里，其中很多人都西装革履，他有点儿自惭形秽，想退出来，但最终还是等在了那里。当他一递上名片，小姐就伸出手来："恭喜你，你已经被录取了。这是我们总经理的名片，他曾吩咐，有个青年会拿着名片来应聘，只要他来了，就成为我们公司的一员！"就这样，没有经过任何面试，他进入了这家公司。后来，由于个人努力，他成为了副总经理。"你为什么会选择我？"闲聊时他去问总经理这个问题。"因为我会看相，知道你是栋梁之材。"说完，总经理神秘兮兮地一笑。

又过了两三年，公司业务越做越大，总经理要去新城市进行投资。临走时，将这个城市的所有业务都委托给了他。送行那天，他和总经理在贵宾候机室面对面坐着。"你肯定一直都很想知道，我为什么会选择你。那次我偶然看见你在捡垃圾，就观察了你很久，你每次都把有用的东西拣出来，将剩下的垃圾归理好再放回垃圾箱。当时我想，如果一个人在这样不利的环境下还能够注意到这种细节，那么无论他是什么学历、什么背景，我都应该给他一个机会。而且，连这种小事都可以做到一丝不苟的人，不可能不成功。"

细节既可以使人失去一份稳操胜券的工作，也可以使人获得一份连自己都不敢奢求的工作。以小见大，通过一个人做事过程中的一些看似不起眼的小细节来评判一个人是否工作称职，这是很多企业经常运用的方法。所以，要想获得如意的工作，要想在企业中更好的发展，就要对一些细节给予足够重视。

好的小习惯是成功者的特质

小习惯是对自己综合素质最真实的反映，它是个体区别于他人的特点。一些不经意中流露出来的小习惯和小行为往往能反映一个人深层次的素质。一些不良的小习惯很有可能会影响你的工作和前途。"见微知著"便是这个道理。要有好的发展，先从有一个好的习惯开始。

某跨国公司的总经理想重用一个刚从名校毕业的年轻人，准备先让他去欧洲培训两年，回来后再委以重任。原因是此人气宇轩昂，工作方面的知识掌握得很熟练，特别努力，在待人接物方面也彬彬有礼。总经理感觉他很有前途，是个可塑之才。

但在培训前的某一天，总经理偶然走在该职员的后面，看到他有意将掉在路中间的废纸踢向远处，而不是捡起来扔进废物筒里。这可是举手之劳啊！后来，总经理一连好几天都留意该员工的举动，他发现：午餐后，这名职员没有将用完餐后的餐具放在指定的地点……于是总经理很快作出决定，取消了这个年轻人去海外培训的资格。因为在总经理眼里，这样一个连起码的日常准则都无法自觉遵守，甚至没有公德心的人，又怎么可能成为一名出色的管理者，怎么能对一个企业高度负责呢？

这个本在总经理眼中是一个可塑之才的年轻人瞬间因为自己的不良生活习惯而丢掉了大好的前程。

有些人有这样一些不好的工作作风：做事拖拉，工作效率低，老板交代的事情不能及时完成，在老板面前态度傲慢等等。这种人不屑于做扫地打水之类的工作，好高骛远，觉得自己应该是做大事的人。实际上，真正让他们去做大事时，他们又眼高手低，好多具体的事情不想自己做。这种职员是不可能给老板留下好印象的。

一定要切记，小事不小，越是小事，越能从侧面考察出你的工作态度、品德修养。能够将这些小习惯处理得很好，就说明你具备了成功者的特质。